化学
レベル別問題集

1
基礎編

東進ハイスクール・東進衛星予備校 講師
橋爪 健作

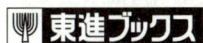

はじめに

志望大学に合格するためには，どうすればよいのでしょう？

つきつめて考えると，特定の教科だけが抜群にできる人よりも，すべての教科がバランス良くできる人の方が合格しやすいことに気づくと思います。また，得意な教科はできるだけ時間をかけずに今の実力をさらに伸ばし，苦手な教科はできるだけ多くの時間をかけて実力をつけていくことが，すべての教科のレベルを合格ラインに到達させる最短ルートであることにも気づくと思います（得意な教科に時間をかけ，苦手な教科を避けたくなるのが人の心理ですが…）。

そのために，**得意な人には難しいレベルの問題から，苦手な人には易しいレベルの問題から，つまり，各個人にピッタリ合ったレベルの問題から提供できるようになれば，究極の学習法になるのではないだろうか**と思っていました。

そんなとき，東進ブックス編集部から，東進ブックスの英語や国語の問題集には，**「今の自分のレベルから無理なく始められ，志望校のレベルまで実力を引き上げる」**というコンセプトで作られた**『レベル別問題集』**がある，ということを伺いました。ならば，化学がこのシリーズに加われば，今まで以上に志望校合格のお手伝いができるのではないかということになり，今回の**『化学レベル別問題集』**が出版されることになりました。

本シリーズは，以下の表のように，受験化学を4つのレベルに分けています。

レベル	対象レベル（問題レベル）	扱う範囲
①	高校受験～センター試験（基礎） 中堅私大・中堅国公立大（基礎）	中学理科・ 化学基礎（一部）
②	センター試験，中堅私大・中堅国公立大（基礎）	化学基礎・化学（一部）
③	センター試験，有名私大・有名国公立大	化学基礎・化学
④	難関私大・難関国公立大	化学基礎・化学

※対象レベルはあくまでも「目安」です。自分に合ったレベル，必要なレベルから始めてください。

それぞれのレベルの実力をつけるために最適な良問を扱い，類題が出題されたときにも対応できるような詳細な解説をつけてあります。
　左ページ下にある表や，以下の「志望校レベル」の表などを参考にしつつ，このレベル①～④の中で，今の自分の実力に合ったレベルから始め，志望校レベルまでステップアップする学習をしましょう。なお，それぞれの分野もレベル別に学習できれば，さらに効果的だと思います（「熱化学」は不得意なのでレベル②から，「酸と塩基」は得意なのでレベル③から，など）。
　ここで大切なことは，いかに自分自身を冷静に見つめ，今の自分の実力を判定できるかです。その際，模擬試験や学校のテスト結果を活用するとよいと思います。

▼志望校レベルと本書のレベル対応表

難易度	志望校レベル（目安）		志望校レベルに対応する本書のレベル（目安）
	国公立大	私立大	
高 ↑ ↓ 低	東京大，京都大，東京工業大，筑波大，北海道大，東北大，名古屋大，大阪大，神戸大，九州大，国公立大医学部　など	早稲田大，慶應義塾大，上智大	レベル④【難関編】
	千葉大，首都大学東京，横浜国立大，東京農工大，新潟大，金沢大，広島大，岡山大，熊本大，長崎大，名古屋市立大　など	東京理科大，関西学院大，同志社大，私立大医学部　など	レベル③【上級編】
	弘前大，群馬大，埼玉大，東京学芸大，信州大，静岡大，三重大，滋賀大，和歌山大，香川大　など	明治大，青山学院大，立教大，法政大，中央大，立命館大，関西大，学習院大，私立大薬学部　など	レベル②【標準編】
	センター試験その他国公立大	日本大，近畿大，甲南大，龍谷大　など	
	難関公立高校（高1基礎レベル）	難関私立高校（高1基礎レベル）	レベル①【基礎編】
	一般公立高校（中学基礎～高校入門レベル）	一般私立高校（中学基礎～高校入門レベル）	

※志望校レベルはあくまでも「目安」です。自分に合ったレベル，必要なレベルから始めてください。

本シリーズ・レベル①の
特長

本シリーズの特長

　入試で問われる化学の内容をレベル①〜④に分け，得点力がつくだけでなく各分野の流れが見えるような良問を厳選しました。

　解説では，簡単な計算問題であっても**途中計算を省略せず**，類題が出題されても対応できるような工夫をしてあります。また，**暗記しなければならないものは整理して覚えやすく，理解する必要のあるものは体系的に記述**しました。

レベル①の対象レベル

- ▶高校入試レベルから，もう一度基礎内容をやり直したい人
- ▶高校入試レベルから，一気に高校化学の基礎を先取りしたい人
- ▶化学を学習し始めて，つまずきを感じている人
- ▶丸暗記化学に限界を感じている人

レベル①の特長・勉強のしかた

　中学理科で学習する内容のうち大学入試で問われるものを，高校化学で学習する順に再編成し，取り上げてあります。例題を解きながら中学理科で学習した内容を思い出し，問題を解いていきましょう。**中学理科で学ぶ内容が，大学入試で数多く問われている**ことに驚くと思います。

　また，後半部分では高校化学で学ぶ内容を扱っていますが，**未学習の人が解けるような詳細な解説**にしてありますので，解説を丁寧に鉛筆で追いながら，完全マスターを目指してください。

　レベル①が終わったときには，**化学で最初につまずきやすい物質量[mol]の計算問題に自信が持てる**ようになっているはずです。

この問題集の進め方ですが，次の流れを参考にしてください。

本書の進め方

(1) まず，じっくり考えながら，問題を解いてみましょう。

(2) 次に，解答・解説を丁寧に読み進めていってください。このとき，解説を読みながら，自分の解答と照らし合わせてみましょう。間違えた問題については，その解説をノートに書き写してみましょう。

(3) 最後に，間違えた問題は，時間をおいて解き直しましょう。

(1)～(3)のサイクルを2・3回くり返すと問題を解く力にみがきがかかってきます。ここまでくれば，このレベルは卒業です。次のレベルに上がってください。

皆さんが効率よく化学の実力をつけることができ，さらに，「化学が効率良く学習できたので，数学の実力をつける余裕ができた」などという感想を聞ければ幸いです。

勉強をしていると，その途中にはつらいことが多くあると思います。そのつらさを乗り越えて最後までやりきることで，皆さんが目標とする「センター試験での高得点」や「第一志望合格」に確実に近づいていくのです。頑張ってください。応援しています。

最後になりましたが，執筆について適切なアドバイスをくださった東進ブックスの松尾朋美さんには，この場をお借りして感謝いたします。

橋爪 健作

本書の構成と使い方

　本書では，各レベルに合った問題を項目ごとに全15Stepに分けています。各Stepの最初に「学習ポイント」の講義があり，そのあと「問題」が収録されています。

❶ポイント講義

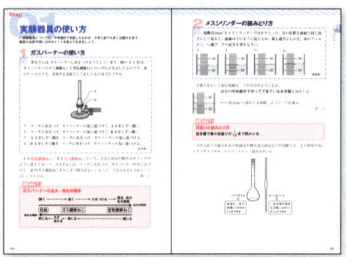

各Stepの最初に，簡単な講義を行います。各レベルでどの点に注意して学習を進めていけばいいかを説明します。特に重要な内容は としてまとめました。

❷問題

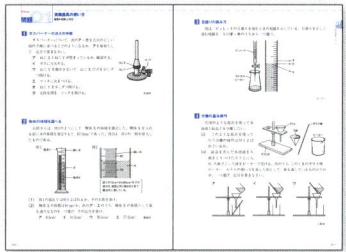

入試問題から，レベル・項目に応じて必要な良問を厳選して収録してあります。

※抜粋時の都合や解きやすさを考えて改変したところもあります。出典名のないところはオリジナル問題です。レベル①の都道府県名の出典は公立高校入試問題です。

❸解答・解説

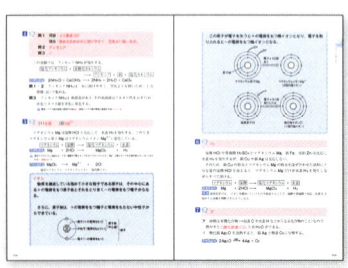

答え合わせをしてください。解説をよく読み，理解を深めましょう。その問題の解法だけでなく，他の問題にも応用できるような説明にしてあります。また，重要な内容はまとめにしていますので，押さえましょう。

【記号】　例 …例を示す
　　　　　⚠ …要注意事項を述べた解説
　　　　　化学反応式　イオン反応式 …化学反応式・イオン反応式を示す

Step			
01	実験器具の使い方	008	01
02	気体の性質と発生	016	02
03	物質の状態変化	024	03
04	水溶液・溶解度	034	04
05	化学変化のきまり	042	05
06	酸性・アルカリ性（塩基性）の物質	048	06
07	酸化と還元	056	07
08	熱分解	064	08
09	電池	070	09
10	電気分解	078	10
11	物質の推定	086	11
12	物質のなりたち	090	12
13	単位変換	094	13
14	原子量・分子量・式量	098	14
15	物質量 [mol]	102	15

化学レベル別問題集
① 基礎編

CONTENTS

実験器具の使い方

▶実験器具については，中学理科で学習したものが，大学入試でも多く出題されます。器具の名前や使い方のポイントを覚えておきましょう。

1 ガスバーナーの使い方

問 孝夫さんは，ガスバーナーに火をつけようとしています。図のAとBは，ガスバーナーのガス調節ねじと空気調節ねじのいずれかを示したものです。次のア～エのうち，点火する方法として正しいものはどれですか。

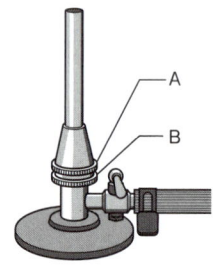

ア．マッチに火をつけ，ガスバーナーの先に近づけて，Aを少しずつ開く。
イ．マッチに火をつけ，ガスバーナーの先に近づけて，Bを少しずつ開く。
ウ．Aを少しずつ開き，マッチに火をつけ，ガスバーナーの先に近づける。
エ．Bを少しずつ開き，マッチに火をつけ，ガスバーナーの先に近づける。

（岩手県）

Aを空気調節ねじ，Bをガス調節ねじという。点火と消火の順序はポイントのように覚えておこう。点火するには，マッチに火をつけ，ガスバーナーの先に近づけて，Bのガス調節ねじを少しずつ開けばよい。よって，イが点火する方法として正しいとわかる。

答 イ

POINT! ガスバーナーの点火・消火の順序

	元栓	ガス調節ねじ	空気調節ねじ
点火の順序 →	開く	開く → 火をつける	開き，炎の色を調整
← 消火の順序	閉じる ← 火が消える	← 閉じる	← 閉じる

2問 メスシリンダーの読みとり方

塩酸25.0cm³をメスシリンダーではかりとった。目の位置を液面と同じ高さにして見ると，液面はどのように見えるか。最も適当なものを，次のア〜エから一つ選び，その記号を書きなさい。

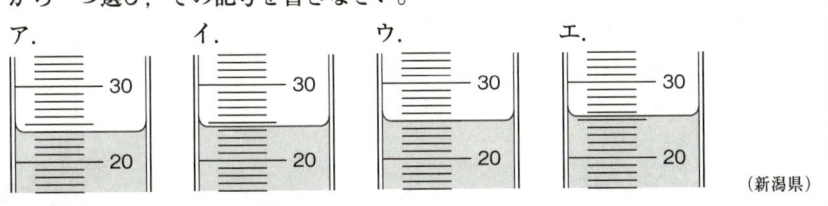

（新潟県）

目盛りを正しく読む視線は，下の矢印のようになる。
　　　　液体の**中央部が下がってできている水平面**を読みとる。

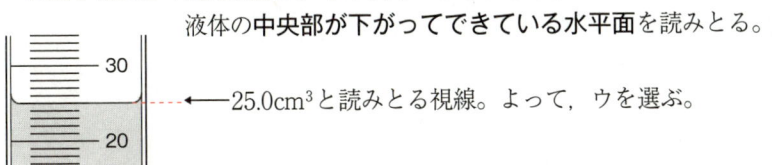

←25.0cm³と読みとる視線。よって，ウを選ぶ。

答 ウ

POINT!
目盛りの読みとり方
目分量で最小目盛りの$\frac{1}{10}$まで読みとる。

大学入試で出題される中和滴定や酸化還元滴定などの実験では，より精度の高いメスフラスコやホールピペットという器具を用いる。

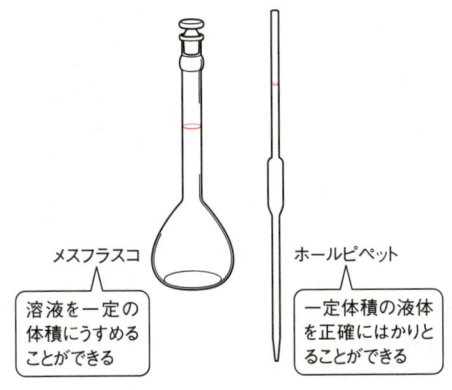

メスフラスコ：溶液を一定の体積にうすめることができる

ホールピペット：一定体積の液体を正確にはかりとることができる

実験器具の使い方

解答▶別冊 p.002

1 ガスバーナーの点火の手順

ガスバーナーについて，次の**ア**〜**カ**を点火の正しい操作手順に並べるとどのようになるか，**ア**を最初として，記号で書きなさい。

- **ア** ねじXとねじYが閉まっているか，確認する。
- **イ** ガスに点火する。
- **ウ** ねじYを動かさないで，ねじXだけを少しずつ開ける。
- **エ** マッチに火をつける。
- **オ** ねじYを少しずつ開ける。
- **カ** 元栓を開き，コックを開ける。

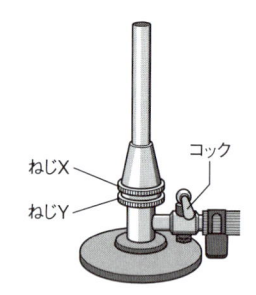

(茨城県)

2 物体の体積を調べる

太郎さんは，図1のようにして，物体Xの体積を測定した。物体Xを入れる前に水の体積を測定すると，67.0 cm³であった。図2は，図1の一部を拡大したものである。

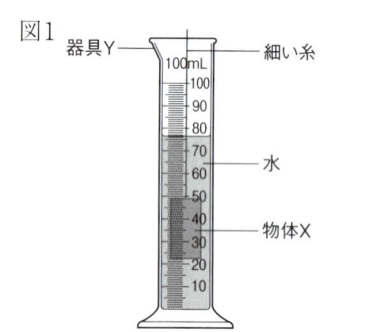

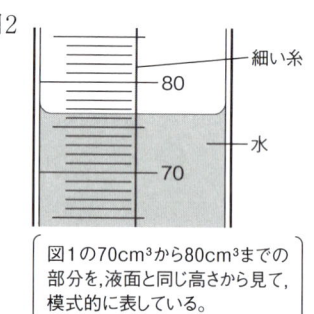

図1の70 cm³から80 cm³までの部分を，液面と同じ高さから見て，模式的に表している。

(1) 図1の器具Yは何とよばれるか。その名称を書け。

(2) 物体Xの体積は何 cm³か。次の**ア**〜**エ**のうち，物体Xの体積として最も適当なものを一つ選び，その記号を書け。

　　ア 9.5 cm³　**イ** 10.5 cm³　**ウ** 76.5 cm³　**エ** 77.5 cm³　(愛媛県)

3 目盛りの読み方

図は，ビュレットの目盛りを読むときの視線を示している。目盛りを正しく読む視線を，矢印**オ〜キ**のうちから一つ選べ。

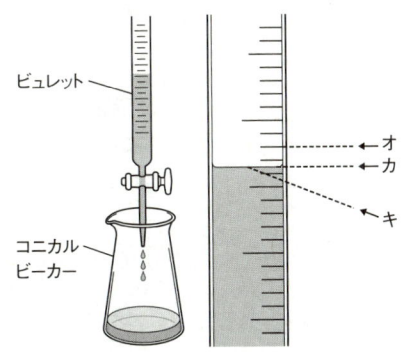

（センター）

4 分離の基本操作

右図のような器具を使って水溶液と結晶とを分離したい。

(i) このような器具を使って行う分離の操作は何とよばれているか。

(ii) 結晶を含んだ水溶液をろ紙をとりつけたろうとに入れ，ろ紙でこした液をビーカーで受ける。次のうち，このときのガラス棒，ビーカー，ろうとの使い方を表した図として，最も適しているものはどれか。一つ選び，記号を書きなさい。

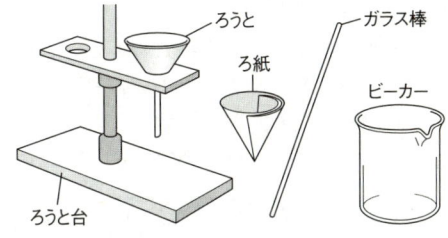

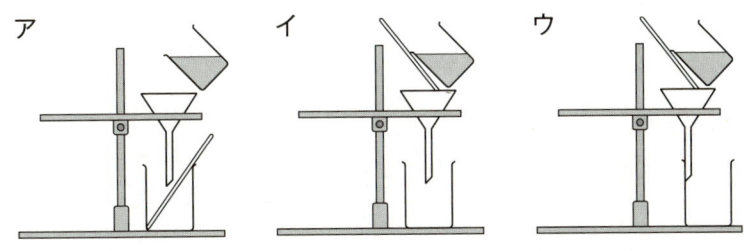

（大阪府）

5 ろ過の方法

ろ過の方法として最も適当なものを，次の図 ① 〜 ⑤ のうちから一つ選べ。ただし，図ではろうと台などを省略している。

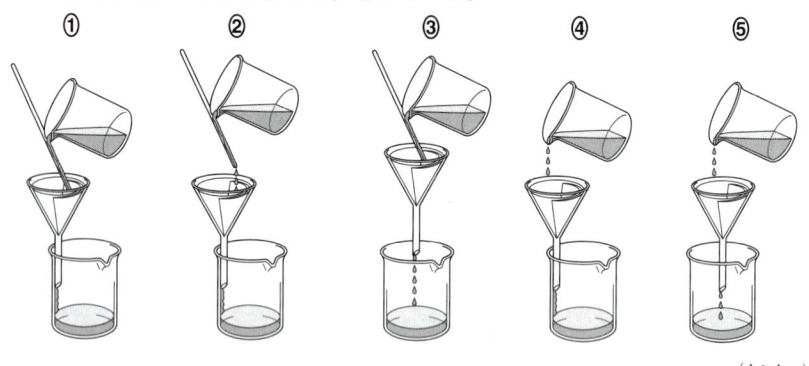

（センター）

6 分離の基本操作

水とエタノールの性質の違いを利用して，水とエタノールの混合物からエタノールを取り出すことができる。水とエタノールの混合物からエタノールを取り出す方法と，取り出すときに利用する性質の違いを組み合わせたものとして適切なのは，次の表のア〜エのうちではどれか。

	取り出す方法	取り出すときに利用する性質の違い
ア	ろ過	それぞれの物質の沸騰する温度の違い
イ	ろ過	それぞれの物質をつくる粒の大きさの違い
ウ	蒸留	それぞれの物質の沸騰する温度の違い
エ	蒸留	それぞれの物質をつくる粒の大きさの違い

（東京都）

7 水とエタノールの分離

エタノールと水の混合物を加熱したとき，気体になって出てくる物質の性質を調べるために，次の手順で実験を行った。

図のように，エタノール6cm³と水20cm³の混合物を，枝つきフラスコに入れ，さらに<u>沸騰石を2～3個入れ</u>，弱い火で加熱して少しずつ気体に変化させた。

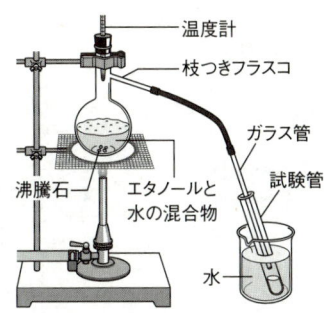

(1) この実験のように，液体を沸騰させて得られた気体を冷やし，再び液体を得る操作を何というか。その用語を書きなさい。

(2) 下線部分について，枝つきフラスコに沸騰石を入れたのはなぜか。その理由を書きなさい。

（新潟県）

8 海水と水の分離

図は海水から水を分離する装置である。問(1)〜(3)に答えよ。ただし、実験は1気圧のもとで行っているものとする。

(1) 図の装置を使用して行う実験を何というか。**ア〜オ**の中から選び記号で答えよ。

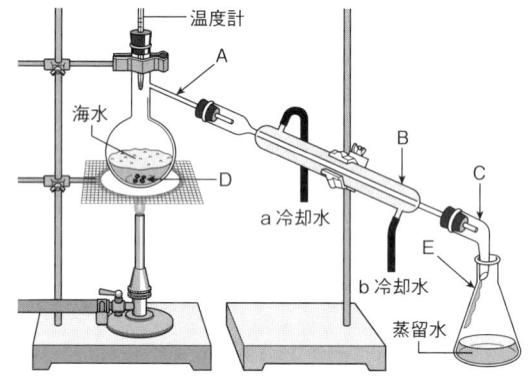

ア ろ過　**イ** 蒸留　**ウ** 分留　**エ** 昇華　**オ** 再結晶

(2) 図の中に示されたA〜Eの名称を、**ア〜ク**の中から選び記号で答えよ。
　ア リービッヒ冷却器　**イ** アダプター　**ウ** 枝つきフラスコ
　エ 丸底フラスコ　**オ** 沸騰石　**カ** 三角フラスコ
　キ コニカルビーカー　**ク** ガラスビーズ

(3) 冷却水を流す方向は、**ア〜ウ**のどれが正しいか。記号で答えよ。
　ア aからb　**イ** bからa　**ウ** どちらから流してもよい

(日本歯科大)

9 気体の捕集方法

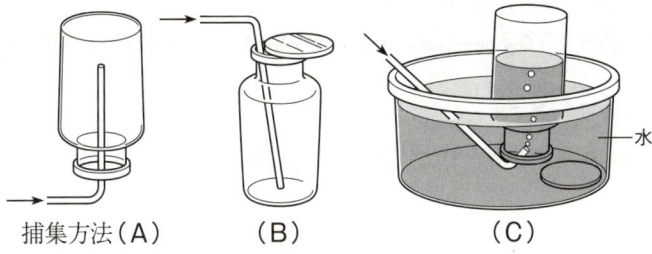

捕集方法（A）　　（B）　　（C）

気体の捕集方法（A）〜（C）の名称を答えよ。

10 昇華による分離

図に示したように，ビーカーに少量のヨウ素の固体を入れ，これに氷水の入った丸底フラスコをかぶせ，ビーカーを90℃の温水につけた。この後ヨウ素にどのような変化が観察されるか，図にならって結果を図示せよ。

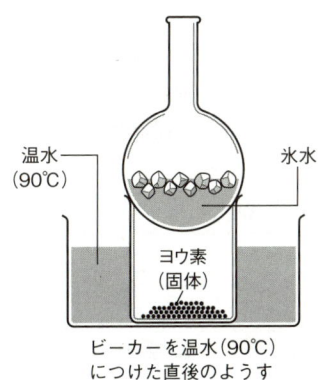

ビーカーを温水（90℃）につけた直後のようす

（東京大）

Step 02 気体の性質と発生

▶中学理科で出題される気体の性質や発生法を確実に覚え、大学入試の基礎力をつけましょう。

1 気体の性質

問 二酸化炭素の性質として適当なものを次のア〜オから一つ選び、記号で答えなさい。
ア．刺激臭がある。
イ．気体の色は無色透明ではない。
ウ．空気中に最も多く含まれる。
エ．火のついたマッチを近づけると、ポンと音がする。
オ．石灰水に通すと白くにごる。

(大阪星光学院高)

二酸化炭素は**無色・無臭**で、**石灰水に通すと白くにごる**。よって、オが二酸化炭素の性質として適当。ウは窒素、エは水素の性質を示している。

答 オ

2 気体の発生

問 二酸化炭素を発生させる方法として、正しいものを、ア〜エから選びなさい。
ア．塩化アンモニウムと水酸化カルシウムを混ぜて加熱する。
イ．二酸化マンガンにうすい過酸化水素水を加える。
ウ．石灰石にうすい塩酸を加える。
エ．亜鉛にうすい塩酸を加える。

(北海道)

ア〜エの反応は、それぞれ次のようになる。※ □ が発生する気体
ア．塩化アンモニウム ＋ 水酸化カルシウム —加熱→ アンモニア ＋ 塩化カルシウム ＋ 水
イ．過酸化水素水（オキシドール） → 酸素 ＋ 水
　⚠ 二酸化マンガンは、反応を速く進めるために使われている。このようなものを触媒という。
ウ．石灰石（炭酸カルシウム） ＋ 塩酸 → 二酸化炭素 ＋ 水 ＋ 塩化カルシウム
エ．亜鉛 ＋ 塩酸 → 水素 ＋ 塩化亜鉛
　⚠ 亜鉛の代わりに鉄やマグネシウム、塩酸の代わりに希硫酸を使っても水素が発生する。

よって、二酸化炭素を発生させるのは、ウの方法である。

答 ウ

ア〜エで発生する気体の化学式も覚えておこう！

POINT!
気体の化学式

アンモニア：NH_3　酸素：O_2　二酸化炭素：CO_2　水素：H_2

Step 02 問題 気体の性質と発生

解答 ▶別冊 p.006

1 アンモニアの噴水実験

アンモニアが入ったフラスコを使って図のような装置をつくり，ビーカーの水にはフェノールフタレイン溶液を数滴加えた。スポイトを使い，フラスコ内に少量の水を入れると，ビーカーの水が吸い上げられて，ガラス管の先から赤色に変化しながら噴き出した。

問 下線部の現象を説明した次の文の（　）に適語を入れ，文を完成せよ。

> アンモニアがフラスコ内の水に（　　），フラスコ内の圧力が（　　），水が吸い上げられた。

（長崎県）

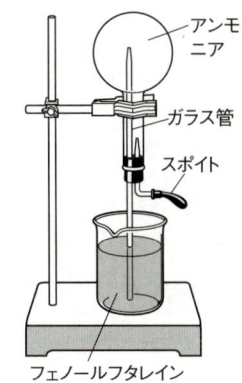

2 気体の発生量と性質

炭酸飲料水の入ったペットボトル全体の質量は，栓を開ける前は555.2gであり，栓を開けて5分後に再び栓をして，はかったところ554.0gであった。また，図のような装置で，出てきた気体を石灰水に通したところ，石灰水が白くにごった。

(1) 出てきた気体の質量は何gか，求めなさい。

(2) 出てきた気体は，①　　であり，②　　種類の原子からできている。①　　には物質名を，②　　には適当な数字を入れなさい。

(3) 出てきた気体を水に通し，その水溶液にBTB溶液を加えると，水溶液の色は①（ア　青色　イ　黄色　ウ　緑色）になる。それは，この気体が水に溶けることで，水溶液が②（ア　アルカリ性　イ　中性　ウ　酸性）になるからである。

①，②の（　）の中からそれぞれ正しいものを一つずつ選び，記号で答えなさい。

（熊本県）

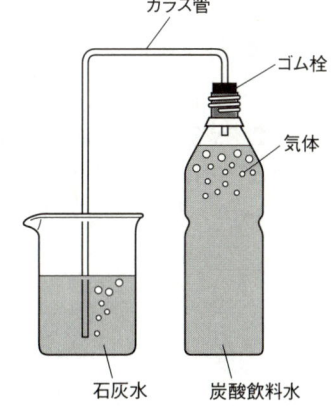

3 さまざまな気体の性質

気体A～Eについて次の実験を行った。気体はアンモニア、酸素、窒素、二酸化炭素、水素のいずれかであり、表はそれぞれの気体の性質をまとめたものである。あとの問いに答えよ。

性質＼気体	気体A	気体B	気体C	気体D	気体E
水への溶け方	溶けにくい	非常に溶けやすい	わずかに溶ける	溶けにくい	少し溶ける
空気を1としたときの質量の比(20℃)	0.97	0.60	1.11	0.07	1.53
沸点[℃]	－196	－33	－183	－253	

【実験1】気体Aを集気びんに集め、その中に火のついたろうそくを入れたところ、ろうそくの火は消えた。また、石灰水の入った集気びんの中に気体Aを入れてよく振ったところ、変化は見られなかった。

【実験2】気体Eを水に溶かし、フェノールフタレイン溶液を加えたところ、色の変化はなかった。この溶液に気体Bを溶かしたところ、溶液の色が変化した。

【実験3】気体Cと気体Dの混合気体に点火すると、爆発的に反応した。

問1 気体Aは何か。その物質名を書け。

問2 実験2で、溶液の色は何色から何色に変化したか書け。

問3 気体Dのつくり方はどれか。最も適当なものを次のア〜エから選んで、その記号を書け。また、発生させた気体Dの最も適当な集め方を何というか書け。

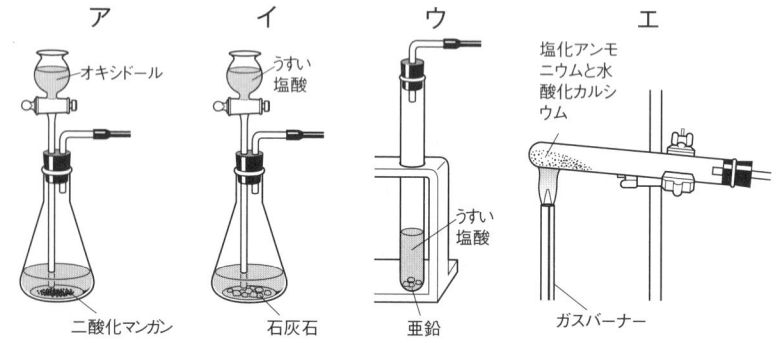

問4 気体A〜Dの中で、－190℃において気体の状態であるものはどれか。すべて選んで、その記号を書け。

(福井県)

4 気体の発生と性質

右の図のように，水酸化カルシウムの粉末と塩化アンモニウムの粉末を混ぜたものを，乾いた試験管Aに入れて十分に加熱し，発生する気体を乾いた試験管Bに集めた。このことに関して，次の**問1**～**問3**の問いに答えなさい。

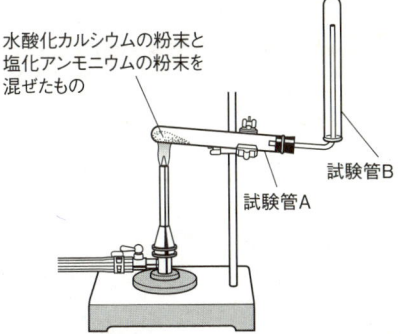

問1 図のようにして気体を集める方法を何というか。その用語を書きなさい。また，この方法で気体を集めるのはなぜか。その理由を書きなさい。

問2 発生した気体は何か。その気体の名称を書きなさい。

問3 発生した気体の性質として，最も適当なものを，次の**ア～エ**から一つ選び，その符号を書きなさい。

 ア 刺激の強いにおいがあり，水でしめらせた青色のリトマス紙を赤色に変化させる。

 イ 刺激の強いにおいがあり，水でしめらせた赤色のリトマス紙を青色に変化させる。

 ウ においがなく，水でしめらせた青色のリトマス紙を赤色に変化させる。

 エ においがなく，水でしめらせた赤色のリトマス紙を青色に変化させる。

（新潟県）

5 発生気体とイオン

右の図のように，うすい塩酸にマグネシウムリボンを入れると，気体が発生した。

(1) うすい塩酸とマグネシウムリボンが反応して発生した気体は何か。その名称を書け。

(2) 反応によって，マグネシウム原子が電子2個を失ってマグネシウムイオンになっている。マグネシウムイオンをイオン式で書け。

（香川県）

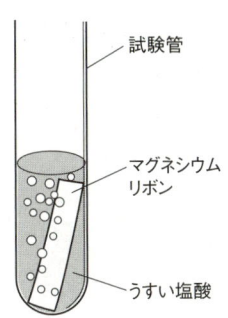

問題 02 気体の性質と発生

6 発生気体の名称

銅の粉末とマグネシウムの粉末をある割合でよく混ぜ合わせた試料が3gある。試料のうち，2gをはかりとってビーカーに入れ，十分な量の塩酸を加えたところ，気体を発生しながらマグネシウムだけがすべて溶け，銅は反応せずに残った。

問 発生した気体の化学式を書きなさい。

(栃木県)

7 二酸化炭素の発生

二酸化炭素が発生する実験はどれか。正しいものを次の**ア〜エ**の中から一つ選んで，その記号を書きなさい。

ア 砂糖を燃やす。
イ 酸化銀を加熱する。
ウ うすい塩酸にスチールウールを入れる。
エ うすい過酸化水素水（オキシドール）に二酸化マンガンを入れる。

(茨城県)

8 気体の発生

塩酸に，細かくくだいた石灰石を入れると気体が発生して，石灰石は完全に溶けた。

この実験で発生した気体と同じ気体が発生する反応は次のどれか，すべて選んで記号を書きなさい。

ア 二酸化マンガンに過酸化水素水を加える。
イ 炭酸水素ナトリウムを加熱する。
ウ スチールウールを燃焼させる。
エ エタノールを燃焼させる。

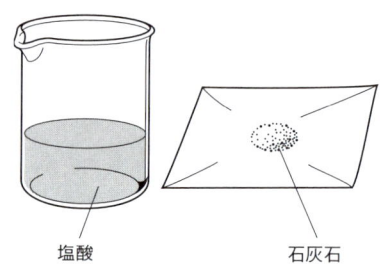

(秋田県)

9 さまざまな気体の発生方法

＝気体の発生方法と集め方＝
① 図1の実験装置を用いて，三角フラスコに入れた石灰石に，うすい塩酸を加えて，発生した気体Aを試験管に集める。
② 図1の実験装置を用いて，三角フラスコに入れた二酸化マンガンに，うすい過酸化水素水を加えて，発生した気体Bを試験管に集める。

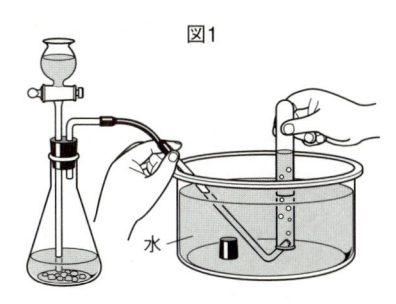

図1

③ 図2の実験装置を用いて，試験管aに亜鉛とうすい塩酸を入れ，発生した気体Cを試験管に集める。

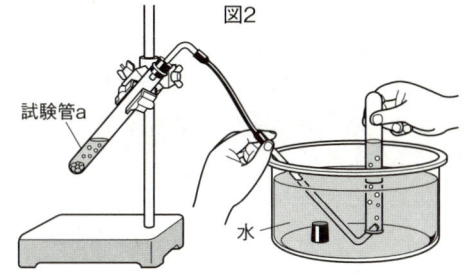

図2

④ 図3の実験装置を用いて，試験管bに塩化アンモニウムと水酸化カルシウムを入れ加熱し，発生した気体Dを試験管に集める。

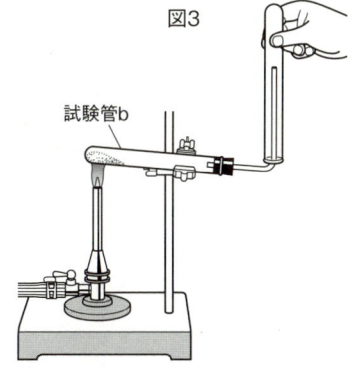

図3

＝調べたことと結果＝

調べたこと	気体A	気体B	気体C	気体D
色	ない	ない	ない	ない
におい	ない	ない	ない	刺激臭
リトマス紙の色の変化	青→（ Ⓦ ） 赤→（ Ⓧ ）	青→青 赤→赤	青→青 赤→赤	青→（ Ⓨ ） 赤→（ Ⓩ ）

Step 問題 02　気体の性質と発生

問1　①〜③で，ガラス管から出始めたばかりの気体は集めずに，しばらくしてから気体を集め始めた。その理由を簡単に書きなさい。

問2　④で，気体Dを水上置換で集めずに，上方置換で集めたのは，気体Dにどのような性質があるからか，簡単に書きなさい。

問3　気体の性質を調べるため，気体A〜Dを集めたそれぞれの試験管の口に，水でぬらしたリトマス紙を近づけた。「リトマス紙の色の変化」の，（　Ⓦ　）〜（　Ⓩ　）に入る言葉の組合せとして最も適当なものはどれか，次のア〜エから一つ選び，その記号を書きなさい。

　　ア　Ⓦ　青　　Ⓧ　青　　Ⓨ　青　　Ⓩ　青
　　イ　Ⓦ　青　　Ⓧ　青　　Ⓨ　赤　　Ⓩ　赤
　　ウ　Ⓦ　赤　　Ⓧ　赤　　Ⓨ　青　　Ⓩ　青
　　エ　Ⓦ　赤　　Ⓧ　赤　　Ⓨ　赤　　Ⓩ　赤

問4　気体Aについて，次の(a),(b)の各問いに答えなさい。

(a)　気体Aを集めた試験管に，火のついた線香を入れると，線香の火はどのようになるか，簡単に書きなさい。

(b)　身のまわりの材料を使って気体を発生させるとき，気体Aと同じ気体が発生する方法はどれか，次の**ア〜カ**から適当なものをすべて選び，その記号を書きなさい。

　　ア　湯の中に発泡入浴剤を入れる。
　　イ　スチールウール(鉄)にうすい塩酸を加える。
　　ウ　アンモニア水を加熱する。
　　エ　ベーキングパウダーに食酢を加える。
　　オ　きざんだジャガイモにオキシドールを加える。
　　カ　貝がらや卵の殻にうすい塩酸を加える。

（三重県）

10 さまざまな気体の性質

水素，硫化水素，塩化水素，二酸化硫黄，塩素がある。
この5種類の気体の特徴を下記の (a) ～ (g) からそれぞれ一つ選び，記号で答えよ。

(a) 　無色で刺激臭がある。強酸で水に溶けやすい。
(b) 　無色で水に溶けにくい。空気に触れると赤褐色となる。
(c) 　無色無臭である。酸素との混合気体は点火により爆発的に反応する。
(d) 　黄緑色で刺激臭がある。水にいくらか溶ける。
(e) 　無色で腐った卵のにおいがする。多くの金属イオンと反応し，沈殿を与える。
(f) 　赤褐色で刺激臭がある。水に溶けやすく，水溶液は酸性を示す。
(g) 　無色で刺激臭がある。硫酸の原料として工業的に用いられている。

(信州大)

11 気体の発生方法

気体の製法に関する次の記述のうち，正しいもののみをすべて含む組合せはどれか。

(a) 　酸化マンガン (IV) を触媒として，過酸化水素水を分解して発生する気体は，水上置換で捕集し，乾燥する場合は塩化カルシウムが用いられる。
(b) 　亜鉛に希硫酸を反応させて得られる気体は，水上置換で捕集し，乾燥する場合は塩化カルシウムが用いられる。
(c) 　炭酸カルシウムに塩酸を作用させて発生する気体は，上方置換で捕集し，乾燥する場合は濃硫酸が用いられる。
(d) 　塩化アンモニウムと水酸化カルシウムを混合して加熱すると発生する気体は，上方置換で捕集し，乾燥する場合は濃硫酸が用いられる。

① (a) 　② (b) 　③ (c) 　④ (d)
⑤ (a),(b) 　⑥ (a),(c) 　⑦ (a),(d) 　⑧ (b),(c)
⑨ (b),(d) 　⑩ (c),(d)

(神戸薬科大)

03 物質の状態変化

▶物質の状態変化における化学用語を完全にマスターしましょう。今後の学習がスムーズに進みます。

1 物質の状態変化

問 物質の状態変化に関する説明として最も適するものを，次の1～4の中から一つ選び，その番号を書きなさい。
1．純粋な物質が沸騰している間，物質の温度は一定の割合で上がり続ける。
2．融点は物質の種類に関係なく，物質の質量によって決まる。
3．固体は液体になってから気体になり，固体から直接気体になる物質はない。
4．物質が，固体，液体，気体と状態を変えるとき，体積は変化するが質量は変化しない。

（神奈川県）

1（誤り）純粋な物質が沸騰している間の温度（→**沸点**という）は一定のままである。
　例 水の沸点は，大気圧下で100℃。
2（誤り）融点は物質の**質量**には関係なく，物質の**種類**によって決まっている。
　例 氷の融点は0℃，鉄の融点は1535℃。◀物質の種類により異なる
3（誤り）ドライアイスやヨウ素などは，固体から直接気体になる（→**昇華**という）。
4（正しい）状態が変化すると，体積は変化するが質量は変化しない。　　**答　4**

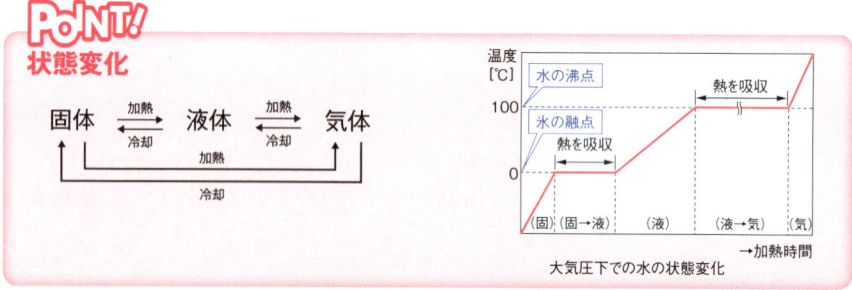

POINT! 状態変化　大気圧下での水の状態変化

密度

問 文中の( )に当てはまる語として最も適当なものを書きなさい。

> 水(液体)のときに比べて氷の状態では、体積は(①)が、質量は(②)ので、密度は(③)。
>
> (愛知県)

水(液体)のときに比べて氷の状態では、体積は<u>大きくなる(増加する)</u>が、質量は<u>変わらない</u>ので密度は<u>小さくなる(減少する)</u>。
水以外のほとんどの物質は、液体から固体になるとき、体積が小さくなるが、質量は変わらないので、密度は<u>大きくなる</u>。

答 ① 大きくなる(増加する)　② 変わらない　③ 小さくなる(減少する)

POINT!

密度

物質の質量を体積で割った値を<u>密度</u>という。

$$物質の密度 = \frac{物質の質量}{物質の体積}$$

固体や液体の密度の単位はふつう g/cm^3、気体は固体や液体に比べて同じ体積あたりの質量が軽いため、密度の単位はふつう g/L を用いる。

例えば、体積 $51.0cm^3$、質量 $50.0g$ の氷の密度 $[g/cm^3]$ は、

$$\frac{氷の質量[g]}{氷の体積[cm^3]} = \frac{50.0g}{51.0cm^3} \fallingdotseq 0.980\,[g/cm^3]$$

と求められる。

Step 03 物質の状態変化

解答▶別冊 p.013

1 エタノールの状態変化

図のように，少量のエタノールを入れたポリエチレン袋の口を閉じ，熱い湯をかけると，袋は大きくふくらんだ。

(1) 袋の中のエタノールは，何から何に状態変化したのか，書きなさい。
(2) エタノールの質量は，湯をかける前に比べてどのようになるか，書きなさい。

(石川県)

2 エタノールの性質

エタノールの性質を調べるために，次の①〜③の手順で実験を行った。あとの問いに答えなさい。

【実験】
① エタノール$1cm^3$をはかりとり，空のペットボトルに入れた。
② ①のペットボトルを図のようにして，ふたを開けたまま90℃の湯を入れたビーカーに3分間入れ，ペットボトルの中のようすを観察した。
③ ②で，湯に入れてから3分後に，②のペットボトルにすばやくふたをして，ビーカーから取り出し，ペットボトルのようすを観察した。

問1 ②において，エタノールが沸騰するようすが観察された。液体が沸騰するときの温度を何というか，書きなさい。

問2 ③において，ペットボトルがつぶれるようすが観察された。次は，ペットボトルがつぶれた理由を説明したものである。 a ， b に当てはまる語を，それぞれ書きなさい。

> 物質が温度によって固体，液体，気体と姿を変えることを a という。③では，ペットボトルの中で，気体のエタノールが冷えて液体になったため，体積が減少し，ペットボトルの中の圧力が低くなった。そのため， b による力によってペットボトルがつぶれた。 b は地球をとりまく空気の重さによって生じる圧力である。

問3 エタノールは，2種類以上の原子で分子をつくる物質である。次の問いに答えなさい。

(1) エタノールのように，2種類以上の原子でできている物質を何というか，書きなさい。

(2) エタノールと違い，分子をつくらない物質を，次の**ア〜エ**から一つ選び，記号で答えなさい。

　　ア O_2　　イ CuO　　ウ CO_2　　エ H_2O

（山形県）

3 状態変化と化学変化の違い

物質の変化を状態変化と化学変化との2種類に分けるとき，状態変化について述べたものはどれか。最も適当なものを，次のア〜エから一つ選び，記号で答えなさい。

ア　濃アンモニア水に塩化水素を近づけると白煙を生じた。
イ　水素と酸素の混合気体に点火すると音を立てて反応した。
ウ　二酸化マンガンにうすい過酸化水素水を加えると気体が発生した。
エ　室温のもとで，ドライアイスが白い煙のようなものを出しながら小さくなった。

（鳥取県）

4 水の状態変化

ビーカーに水を入れて加熱したところ，図のグラフのように水の温度は上昇してt℃で一定となり，水の中から激しく気体が発生し続けた。このときの温度を　A　という。

水の中から激しく発生し続けた気体について述べたものと　A　に当てはまる語句を組み合わせたものとして適切なのは，次の表のア〜エのうちではどれか。

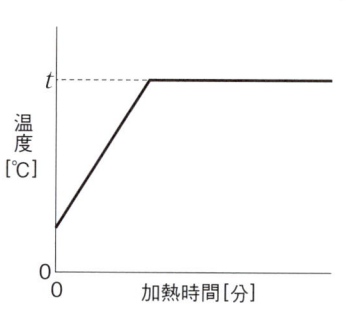

	水の中から激しく発生し続けた気体	A に当てはまる語句
ア	水の中に含まれている酸素である。	融点
イ	水の中に含まれている酸素である。	沸点
ウ	水が水蒸気に変化したものである。	融点
エ	水が水蒸気に変化したものである。	沸点

（東京都）

5 氷の状態変化

まず，図のようにビーカーに氷を入れて，ガスバーナーで加熱したところ，氷が溶け始めた。①氷が溶け始めてから溶け終わるまでの温度は0℃で一定であった。

さらに，加熱を続けていくと，激しく②泡が発生し，温度は一定になった。このときの温度は100℃であった。

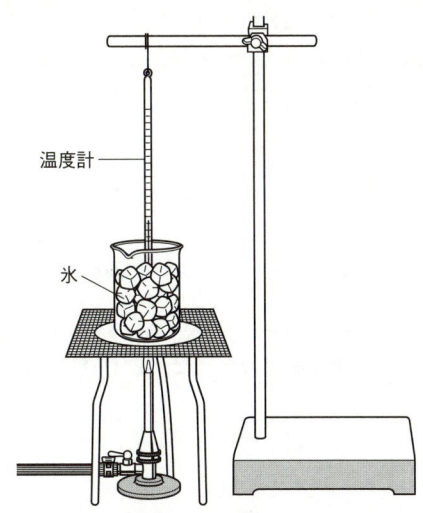

(1) 下線部①について，固体の物質が液体になるときの温度を何というか。名称を答えなさい。また，下線部②の泡は何か。化学式で答えなさい。

(2) 水が気体になると，液体のときに比べ，体積は①（ア 増え　イ 変わらず　ウ 減り），密度は②（ア 大きくなる　イ 変わらない　ウ 小さくなる）。

①，②の（　）の中から正しいものをそれぞれ一つずつ選び，記号で答えなさい。

(3) 物質の状態変化の例として誤っているものを，ア～オから二つ選び，記号で答えなさい。
　ア　ケーキの生地に炭酸水素ナトリウムを加えて加熱するとふくらんだ。
　イ　ビーカーに入れておいたドライアイスが小さくなった。
　ウ　皮膚につけた少量のエタノールがすぐに蒸発した。
　エ　ろうを加熱すると溶けた。
　オ　鉄にさびができた。

(熊本県)

問題 03 物質の状態変化

6 パルミチン酸や塩化ナトリウムの状態変化

次の文は，物質が固体から液体に変化するときの温度について説明したものである。（ ）の中のa〜dについて，正しい組合せを，下の1〜4から選び，記号で答えなさい。

> 物質が固体から液体に変化するときの温度について，
> ・パルミチン酸3.0gの場合と，パルミチン酸6.0gの場合では，
> 　　　　　　　　　　　　　　（a 同じである　b 異なる）。
> ・パルミチン酸3.0gの場合と，塩化ナトリウム3.0gの場合では，
> 　　　　　　　　　　　　　　（c 同じである　d 異なる）。

1　aとc　　2　aとd　　3　bとc　　4　bとd

（山口県）

7 水の状態変化

水は，水素原子と ☐ 原子からできた水分子が集まったものです。また，水は，温度によって固体，液体，気体に姿を変えます。このとき，それぞれの体積は変化しますが，質量は変化しません。

(1) 文中の ☐ に当てはまる適切な語を書きなさい。
(2) 下線部について，このような変化を何というか，書きなさい。また，一般に，固体が溶けて液体に変わるときの温度を何というか，書きなさい。
(3) 一般に，物質1cm³あたりの質量のことを何というか，書きなさい。
(4) 20℃の水を入れた水そうに，右の①の場合は，氷を，②の場合は，40℃の水で満たしてふたをした容器を入れて，水中で静かに手を離すと，それぞれどのようになるか。次のア〜エの中から適切なものを一つ選んで，その記号を書きなさい。ただし，容器の性質や質量は考えないものとする。

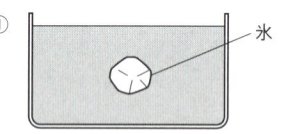
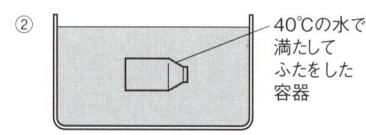

　ア　①，②の場合とも浮く。
　イ　①の場合は浮き，②の場合は沈む。
　ウ　①の場合は沈み，②の場合は浮く。
　エ　①，②の場合とも沈む。

（和歌山県）

8 水とロウの状態変化

水とロウの状態変化に関する次の**実験Ⅰ**，**実験Ⅱ**を行い，結果を表にまとめました。あとの(1)～(3)の問いに答えなさい。

【実験Ⅰ】
　図のように，三つのビーカーA, B, Cを用意し，ビーカーA, Bには水（液体）を入れ，ビーカーCには固体のロウをあたためて液体にしたロウを入れた。さらに，ビーカーAには氷を入れ，ビーカーB, Cには，固体のロウを入れて，そのときの浮き沈みのようすを観察した。

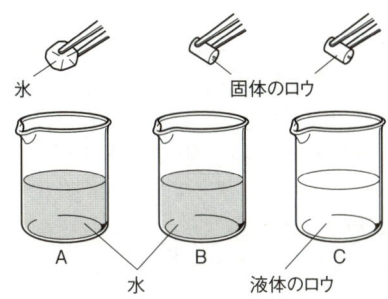

【実験Ⅱ】
　実験ⅠのビーカーA, B, Cをそのまま翌日まで放置して，三つのビーカーのようすを観察した。

ビーカー	実験Ⅰ	実験Ⅱ
A	氷は浮かんだ	すべて水（液体）になった
B	固体のロウは浮かんだ	固体のロウは浮かんだままだった
C	固体のロウはビーカーの底に沈んだ	すべて固体のロウになった

(1)　固体が溶けて液体に状態が変化するときの温度を何というか，書きなさい。

(2)　実験Ⅰで，ビーカーAの結果から水（液体）よりも氷の方が密度が小さいことがわかります。ビーカーB, Cの結果から，固体のロウ，液体のロウ，水（液体）の密度の大きさを比べたものとして，正しいものを，次のア～エから一つ選び，記号で答えなさい。

　　ア　固体のロウの密度　＞　液体のロウの密度　＞　水（液体）の密度
　　イ　固体のロウの密度　＞　水（液体）の密度　　＞　液体のロウの密度
　　ウ　水（液体）の密度　＞　固体のロウの密度　＞　液体のロウの密度
　　エ　水（液体）の密度　＞　液体のロウの密度　＞　固体のロウの密度

(3)　翌日まで放置したビーカーCの固体のロウを，液体になるまであたためたとき，ロウの体積はどのようになると考えられるか，理由とともに答えなさい。ただし，あたためる前とあたためた後ではビーカーCのロウの質量は変化しないものとします。

(宮城県)

Step問題 03 物質の状態変化

9 物質の状態変化

物質の状態変化や化学反応には，熱の出入りが伴う。

物質は，原子，分子，イオンなどの粒子から構成されており，その構成粒子の集合状態の違いによって，固体，液体，気体の，三つの状態に大きく分けることができる。これを物質の三態という。物質を構成する粒子は，たえず不規則な運動を繰り返しており，これを[1]という。高温ほど[1]は活発になる。物質の三態間の状態変化は，粒子の集合状態の変化であり，粒子の[1]の激しさと粒子間にはたらく引力の強さとが状態変化に関係してくる。状態変化は，熱エネルギーの吸収や放出によって起こる。例えば，(a)固体が熱エネルギーを吸収すると粒子の[1]が激しくなり，やがて液体となる。また，(b)液体を構成している粒子の中で，まわりの粒子の引力に打ちかつ運動エネルギーをもつ粒子が液体の表面から飛び出していき，このとき，周囲から熱をうばう。ところで，物質を熱すると温度が上がるが，純物質が融解や沸騰を始めるとそれが終わるまでは加熱し続けても温度は変化しない。

以上のような状態変化だけでなく，化学反応の場合にも熱の出入りを伴う。熱を発生しながら進む化学反応を[2]といい，周囲から熱を吸収しながら進む反応を[3]という。このように化学反応が起こるとき，発生したり吸収したりする熱を一般に[4]という。

(1) 文章中の[1]〜[4]に最も適切な語句を記入せよ。
(2) 下線部(a)や(b)のような現象が起こるときに，物質が吸収する熱をそれぞれ何というか。

（琉球大）

10 水の状態変化

物質の状態変化について，次の文章を読み，以下の問いに答えよ。

(1) 次の文中の（ ア ）～（ エ ）に適切な語句を記入せよ。

大気圧のもとで，物質の温度が高くなると分子の熱運動エネルギーが（ ア ）なるから，分子の集合状態が変わり，（ イ ）→液体→気体と状態が変化していく。これを（ ウ ）という。気体の場合には，分子は互いに大きく離れていて，（ エ ）に打ちかち，空間を自由に運動している。

(2) 図は，大気圧のもとで氷に熱エネルギーを与えていくときのようすを示している。次の問いに答えよ。

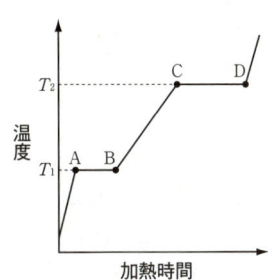

(a) 温度 T_1, T_2 はそれぞれ何というか。
(b) ＡＢ間では，どのような状態で存在するか。
(c) ＣＤ間で温度が上昇していない理由は何か。

(福岡大)

Step 04 水溶液・溶解度

▶ 溶液については，中学理科と同じ内容が大学入試で出題されることが多いので注意しましょう。

問1 溶解と溶液

□ に当てはまる語句を，ア〜オからそれぞれ一つ選べ。
「食塩を水に溶かすと，食塩水ができる。食塩のように水に溶けている物質を ① といい，水のように ① を溶かしている液体を ② という。また， ① が ② に溶けて均一になった液体を ③ という。」
ア．溶媒　イ．溶液　ウ．結晶　エ．溶質　オ．飽和
(沖縄県)

食塩などの溶質①が水などの溶媒②に溶けて均一になる現象を**溶解**，できた混合物を溶液③という。

答　①エ　②ア　③イ

問2 溶解度

(1) 20℃で，100gの水に物質30gを入れてよく混ぜたとき，溶けきれない物質はどれか。
① 硝酸カリウム　② 硫酸銅
③ ミョウバン　④ 塩化ナトリウム

(2) 50℃で，100gの水に物質を溶けるだけ溶かした。これを20℃に冷やしたとき，物質が最も多く析出する(固体となって出てくる)ものはどれか。
① 硝酸カリウム　② 硫酸銅　③ ミョウバン　④ 塩化ナトリウム 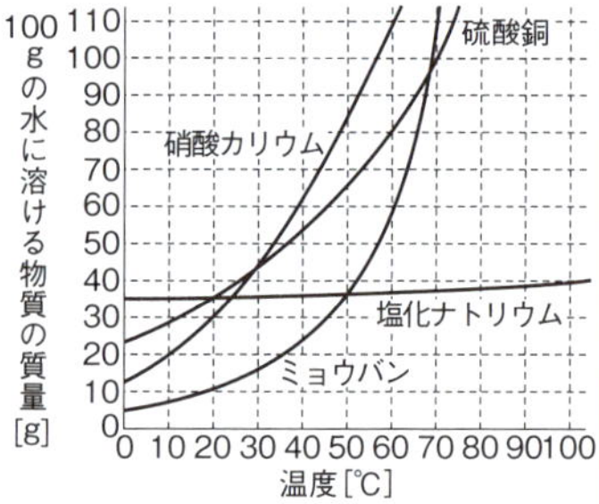
(東京学芸大学附属高)

(1)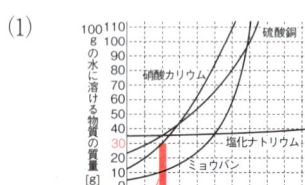
グラフから水100gに溶ける物質の**最大質量**が読みとれる。よって，ミョウバンだけが溶けきれない。
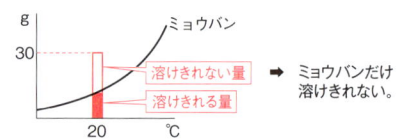
→ ミョウバンだけ溶けきれない。

(2) 50℃と20℃での縦軸の数値の差が溶けきれずに固体となって析出する量なので，50℃と20℃での差が最も大きな硝酸カリウムが答となる。

答　(1) ③　(2) ①

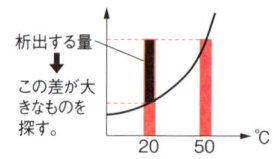

Step 04 問題 水溶液・溶解度
解答▶別冊 p.018

1 食塩水の性質

【実験】
① 試験管に水を10.0g入れ，食塩2.0gを加えた。
② ①の試験管をよく振ったところ，食塩はすべて溶けて透明な水溶液になった。

(1) 実験の水溶液において，溶けている物質を溶質といいます。このとき，溶質を溶かしている水のことを何といいますか。その名称を書きなさい。
(2) 実験の②でできた食塩の水溶液の質量はどのようになりますか。次のア～エの中から一つ選び，その記号を書きなさい。
　ア　12.0gになる。
　イ　12.0gより少し大きくなる。
　ウ　12.0gより少し小さくなる。
　エ　温度によって変わるので，わからない。

(埼玉県)

2 塩酸

うすい塩酸は，気体が水に溶けた水溶液である。塩酸の溶質は何とよばれる物質か。その物質の名称を書け。

(愛媛県)

3 溶解度

図は，水の温度と100gの水に溶けるミョウバンの質量との関係を示したものである。次の①，②の問いに答えなさい。

① 60℃の水50gが入ったビーカーにミョウバン6gを加え，すべてを溶かした。水溶液の温度がある温度まで下がると，ミョウバンの結晶ができ始めた。このときの温度はおよそ何℃か。次のア～エの中から最も近いものを一つ選んで，その記号を書きなさい。

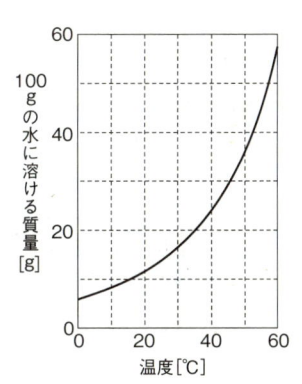

　ア　0℃　　イ　10℃　　ウ　20℃　　エ　30℃

② 次の文中の あ に当てはまる語を書きなさい。
　ミョウバンを水に溶かした水溶液では，水に溶けているミョウバンを溶質といい，ミョウバンを溶かしている水を あ という。

(茨城県)

Step問題 04 水溶液・溶解度

4 物質の区別

塩化ナトリウム，硝酸カリウムのいずれかであるA，B 2種類の物質を区別するために，次の実験を行った。

【実験】

① A，Bのラベルをはった2本の試験管に水を5cm³ずつとり，試験管Aに物質Aを，試験管Bに物質Bを3gずつ入れて，よく振り混ぜた。
② ①の試験管を，図のようにして，水を入れたビーカーの中で加熱し，ビーカー内の水をかき混ぜながら，温度を50℃まで上げて，溶けるかどうか調べた。
③ ②で，溶け残りがある試験管があったので，その試験管は，上澄み液を別の試験管に移し，移す前の試験管のラベルをはった。また，すべて溶けてしまった試験管は，そのままにした。
④ ③の上澄み液を移した試験管と，すべて溶けてしまった試験管を水で冷やして，中のようすを観察し，表Ⅰを作成した。

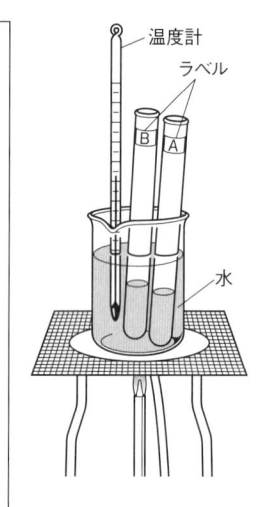

表Ⅰ

試験管	試験管の中のようす
A	白色の固体が出てきた。
B	変化がほとんど見られなかった。

実験後，次の塩化ナトリウムと硝酸カリウムの溶解度（表Ⅱ）をもとに，下のように考察した。

表Ⅱ

物質名＼温度	0℃	20℃	40℃	60℃
塩化ナトリウム[g]	35.7	35.9	36.4	37.2
硝酸カリウム[g]	13.3	31.6	63.9	110.0

【考察】

物質Aは， ア だったといえる。なぜなら物質Aは， イ からだ。このような物質は，いったん水などの溶媒に溶かし，温度を下げることで，再び結晶として取り出すことができる。一方，物質Bの場合は，いったん水などの溶媒に溶かし， ウ ことで，再び結晶として取り出すことができると考える。

(1) ア に入る物質名を書きなさい。また， イ には適切な理由を，簡潔に書きなさい。

(2) ウ には，物質Bを取り出す方法が入る。その方法を，簡潔に書きなさい。

(3) 考察にある，物質を再び結晶として取り出す操作を何といいますか。

(宮崎県)

5 角砂糖の溶けていくようす

次の実験を行った。これについて，下の1～4に答えなさい。

【実験】
操作1　茶色の角砂糖の質量を薬包紙ごとはかるとa［g］だった。
操作2　水が入ったビーカーの質量をはかるとb［g］だった。
操作3　操作1の角砂糖を操作2のビーカーに静かに入れ，かき混ぜることなく，しばらくそのままの状態にしておいた。
操作4　角砂糖がすべて溶けた後，全体の質量（薬包紙を含む）をはかるとc［g］だった。

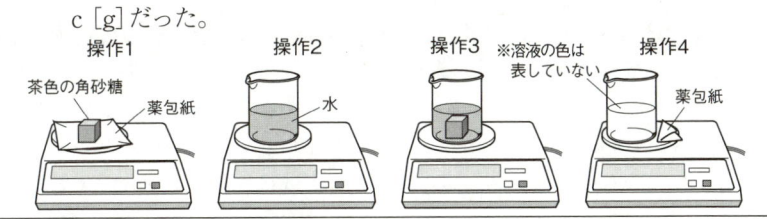

1　操作3において，時間経過とともに茶色の角砂糖が溶けていくようすの説明として最も適当なものを，次のア～エから一つ選んで記号で答えなさい。
　　ア　ビーカー下部だけが濃い茶色になった。その後の変化はなかった。
　　イ　ビーカー上部だけが濃い茶色になった。その後の変化はなかった。
　　ウ　ビーカー下部が濃い茶色になった後，ビーカー全体がうすい茶色になった。その後の変化はなかった。
　　エ　ビーカー全体がうすい茶色になった後，ビーカー下部が濃い茶色になった。その後の変化はなかった。

2　操作1，2，4ではかったそれぞれの質量a［g］，b［g］，c［g］の間には，どのような関係が成り立つか。a～cを用いて式で表しなさい。ただし，水の蒸発はないものとする。

3　砂糖を水に溶かすと砂糖水ができる。この場合，砂糖のように溶けている物質を何というか，その名称を答えなさい。

4　砂糖は水によく溶けるが，いくらでも溶けるわけではない。一定量の水に物質を溶かしていき，物質がそれ以上溶けることができなくなった水溶液を何というか，その名称を答えなさい。

(島根県)

問題 04 水溶液・溶解度

6 さまざまな水溶液の性質

アンモニア水，うすい塩酸，砂糖水，食塩水，炭酸水素ナトリウム水溶液のいずれかである5種類の水溶液A〜Eがある。A〜Eがそれぞれどの水溶液であるかを調べるために，次のような実験の計画を立てた。あとの問いに答えなさい。

計画
1　A〜Eのにおいを確かめる。
2　1でにおいを確かめても何であるか特定できなかった水溶液には，マグネシウムリボンを入れ，反応のようすを観察する。
3　2で反応が起こらなかった水溶液から水を蒸発させ，あとに残ったものを調べる。

問1　計画の1にしたがって，次の実験1を行った。あとの問いに答えなさい。

【実験1】A〜Eそれぞれを，別々の試験管に少量入れ，においを確かめた。
(1)　試験管に直接鼻を近づけてにおいをかぐことは，危険なため行ってはならない。安全ににおいをかぐには，どのようにすればよいか，具体的に書きなさい。
(2)　Aからは特有の刺激臭がしたため，Aはアンモニア水であることがわかった。アンモニア水に，緑色のBTB溶液を加えると，何色に変化するか，書きなさい。

問2　計画の2にしたがって，B〜Eについて，次の実験2を行った。あとの問いに答えなさい。

【実験2】B〜Eそれぞれを，別々の試験管に少量入れ，それぞれの試験管にマグネシウムリボンを入れて，水溶液とマグネシウムリボンとの反応のようすを観察した。
(1)　Bを入れた試験管だけで，気体が発生した。この気体は何か，化学式で書きなさい。
(2)　Bの溶質は何か，物質の名称で書きなさい。

問3　計画の3にしたがって，C〜Eについて，次の①，②の手順で実験3を行った。表は①の結果をまとめたものである。あとの問いに答えなさい。

【実験3】
①　C〜Eそれぞれを，別々の蒸発皿に少量とり，ガスバーナーを用いて，それぞれの蒸発皿を十分に加熱し，変化のようすを観察した。

表

	C	白い固体が残った。
	D	黒く焦げた固体が残った。
	E	白い固体が残った。

② C～Eそれぞれを，別々のスライドガラスの上に1滴とり，乾いた後，スライドガラスの上に残ったものを，顕微鏡で観察した。

(1) ①の結果から，Dは砂糖水であることがわかった。また，②の結果から，Cは食塩水であることがわかった。②で食塩の結晶を顕微鏡で観察したとき，観察される結晶のようすとして最も適切なものを，次のア～エから一つ選び，記号で答えなさい。

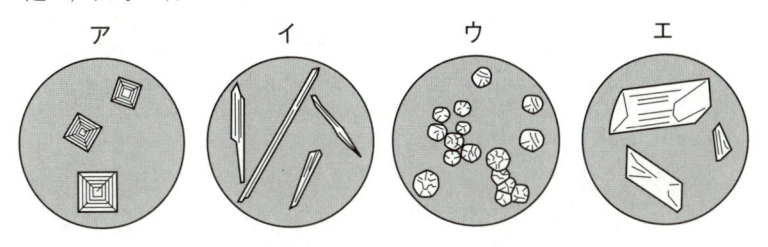

ア　イ　ウ　エ

(2) 実験3の結果，Eは炭酸水素ナトリウム水溶液であることがわかった。①において，Eを加熱した後に残った白い固体は，炭酸ナトリウムであると考えられる。次は，炭酸水素ナトリウムを加熱したときに起こる化学変化を，化学反応式で表したものである。 a ， b に当てはまる化学式を，それぞれ書きなさい。

$$2 \boxed{a} \longrightarrow \boxed{b} + CO_2 + H_2O$$

（島根県）

問題 Step 04 水溶液・溶解度

7 溶解度の計算

2種類の物質が水に溶けるようすを調べるため，実験を行った。次の各問いに答えなさい。

ただし，右のグラフは，水100gに物質を溶かして飽和水溶液にするときの，水溶液の温度と溶ける溶質の質量との関係を表したものである。また，2種類の物質を同じ水に溶かしても，それぞれの物質の溶ける量は変化しないものとする。

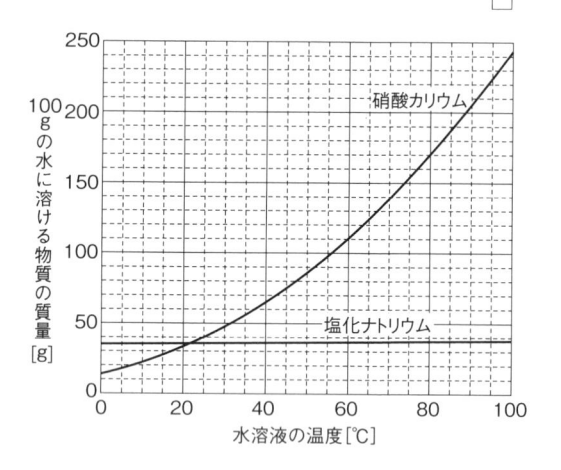

【実験】
60℃の水200gに硝酸カリウム170gと，塩化ナトリウム60gとを入れて混ぜたところ，すべて溶け，固体の物質は観察されなかった。次に，この溶液を室温の20℃まで冷やしたところ，固体の物質が観察されたので，それをろ過した。

問1 実験のように，物質をいったん水に溶かし，溶液の温度を下げたり，溶媒を蒸発させたりして物質を取り出す操作を何というか，答えなさい。

問2 グラフから，60℃の水200gには硝酸カリウムは最大何gまで溶けることがわかるか，次のア～エから一つ選び，記号で答えなさい。
　　ア 約55g　　イ 約110g　　ウ 約170g　　エ 約220g

問3 実験で，A 溶液の温度を20℃まで下げたとき，固体として出てきた物質と，B 固体が生じ始める温度の組合せとして，最も適当なものを，次のア～カから一つ選び，記号で答えなさい。

A 溶液の温度を20℃まで下げたとき，固体として出てきた物質
　　a 硝酸カリウムだけ　　b 塩化ナトリウムだけ
　　c 硝酸カリウムと塩化ナトリウムの両方

B 固体が生じ始める温度
　　d 約30℃　　e 約40℃　　f 約50℃
　　ア aとd　　イ aとf　　ウ bとd　　エ bとe
　　オ cとe　　カ cとf

（鳥取県）

8 固体の溶解度

図の曲線は硝酸カリウムの水に対する溶解度（水100gに溶ける溶質の質量をグラム数で表したもの）と温度の関係を示している。必要に応じてこの図を用い，以下の問いに答えよ。

70℃において水200gに硝酸カリウムを70g溶かした水溶液がある。

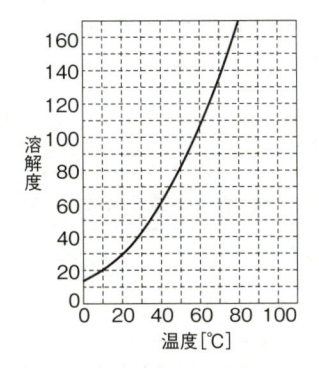

(1) この水溶液で硝酸カリウムが析出し始める温度は何℃か。（ア）〜（オ）から選べ。

　　（ア）0　　（イ）15　　（ウ）20　　（エ）25　　（オ）30

(2) この水溶液を10℃まで冷却したとき析出する結晶の質量は何gか。（ア）〜（オ）から選べ。

　　（ア）0　　（イ）15　　（ウ）30　　（エ）45　　（オ）50

（千葉工業大）

Step 05 化学変化のきまり

▶化学反応式をマスターして，一気に突破してしまいましょう。

1 化学変化とその質量変化

問 (a) 密閉した容器の中で物質を反応させると，化学変化の前後で，その化学変化に関係している物質全体の質量は変わらない。この法則を何というか。
(b) 文中の，| X |，| Y |，| Z |に入る最も適当なものはどれか，下のア〜エからそれぞれ一つずつ選び，その記号を書きなさい。

> 化学変化の前後で，物質をつくる原子の| X |は変わっても，その化学変化に関係している原子の| Y |と| Z |は変わらない。

ア．種類　　イ．数　　ウ．分子　　エ．組合せ　　　　　　（三重県）

(a) 化学変化の前後で，その化学変化に関係している物質全体の質量が変化しないことを**質量保存の法則**という。
(b) 覚えている化学反応式をつくって考えてみるとよい。

$$\boxed{炭素} + \boxed{酸素} \longrightarrow \boxed{二酸化炭素}$$

化学反応式　　$C + O_2 \longrightarrow CO_2$
　　　　　　　前　←物質をつくる原子→　後
前と後では，組合せが変わっても原子の種類と数は変わっていない。
　　　　　　　　　　　　　　　　　　　X　　　　　　　Y　　Z

答 (a) 質量保存の法則　(b) X：エ　Y：ア　Z：イ（Y，Zは順不同）

2 化学反応式の意味するもの

問 水素と酸素の混合気体に点火すると爆発的に反応して水ができた。

$$2H_2 + O_2 \longrightarrow 2H_2O$$

上の反応式中の$2H_2O$において，大きく書かれた2と小さく書かれた2があるが，小さく書かれた2が表しているものは何か。最も適当なものを次のアからオの中から一つ選び，その記号を書け。

ア．水分子の数　　イ．水素分子の数　　ウ．水分子中の水素原子の数
エ．酸素分子の数　　オ．水分子中の酸素原子の数
　　　　　　　　　　　　　　　　　　　　　　　　　（国立高等専門学校）

化学反応式　$2H_2 + O_2 \longrightarrow 2H_2O$

大きな2は，水H_2O分子の数を表している　　小さな2は水分子中の水素原子の数を表す

答 ウ

Step 問題 05 化学変化のきまり

解答▶別冊 p.022

1 化学変化と質量変化

化学反応の前後で反応に関係する物質全体の質量が変わらないことは次のように説明できる。次の空欄に入る語句として最も適当なものを，下のア～エから一つ選んで記号で答えなさい。

化学反応によって物質をつくる原子の［　　　　　　　　　　　　　　］から。

ア　組合せと数が，ともに変わらない
イ　組合せと数が，ともに変わる
ウ　組合せは変わらないが，数は変わる
エ　組合せは変わるが，数は変わらない

(島根県)

2 炭酸水素ナトリウムと塩酸の反応

図のような手順で，2種類の物質を混ぜて反応前と反応後の質量の変化を調べた。実験Ⅰでは，容器Aに炭酸水素ナトリウム0.5gを，小びんにうすい塩酸10cm³を入れ，ふたをして装置全体の質量をはかった。次に，装置を傾けて2種類の物質を反応させ，反応が終わった後，装置全体の質量をはかった。さらに，装置のふたを開けた後，再びふたをして，装置全体の質量をはかった。また，実験Ⅱについても物質をかえて同様の手順で実験を行った。表は，その結果を示したものである。

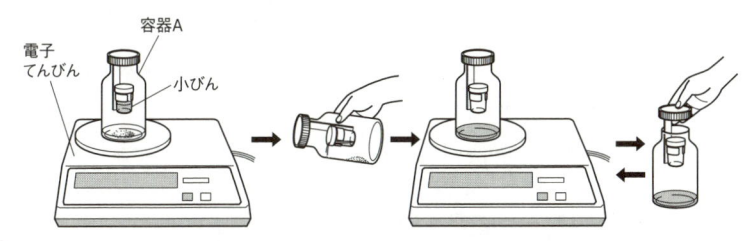

表

	容器Aに入れた物質	小びんに入れた物質	反応前の質量	反応後の質量	ふたを開けた後の質量
実験Ⅰ	炭酸水素ナトリウム0.5g	うすい塩酸10cm³	62.39g	62.39g	62.20g
実験Ⅱ	うすい水酸化バリウム水溶液10cm³	うすい硫酸10cm³	72.92g	72.92g	72.92g

(1) 実験Ⅰ，Ⅱの反応前と反応後の質量の測定結果から，確認される法則名を書きなさい。

(2) 実験Ⅰ，Ⅱの反応前と反応後で，原子の組合せは①(ア　変わる　イ　変わらない)。また，原子の種類と数は②(ア　変わる　イ　変わらない)。①，②の(　)の中からそれぞれ正しいものを一つずつ選び，記号で答えなさい。

(熊本県)

問題 05 化学変化のきまり

3 石灰石と塩酸の反応

図で，塩酸10cm³とビーカーを合わせた質量は52.25gであった。これに，細かくくだいた石灰石0.90gを入れると気体が発生して，石灰石は完全に溶けた。反応後の水溶液とビーカーを合わせた質量は52.75gであった。

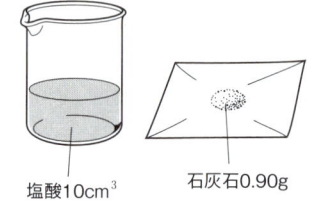

塩酸10cm³　石灰石0.90g

この実験の結果をもとに考えると，同じ濃度の塩酸10cm³に石灰石0.40gを入れたとき，気体は最大何g発生するか，四捨五入して小数第2位まで求めなさい。　　（秋田県）

4 石灰石と塩酸の反応

【実験1】次の Ⅰ ～ Ⅲ の手順で，ペットボトル全体の質量を電子てんびんで，それぞれ測定した。

Ⅰ　右の図のように，うすい塩酸20cm³を入れた試験管と石灰石0.25gをペットボトルに入れ，ふたを閉じてペットボトル全体の質量を測定したところ，61.95gであった。

Ⅱ　次に，ふたを閉じたままペットボトルを傾け，塩酸をすべて試験管から出して，石灰石と反応させたところ気体が発生した。気体の発生が終わってから，ペットボトル全体の質量を測定したところ，61.95gであった。

Ⅲ　その後，ふたをゆるめて，発生した気体を逃がし，再びペットボトル全体の質量を測定したところ，61.84gであった。

【実験2】実験1と同じ Ⅰ ～ Ⅲ の手順で，ペットボトルに入れる石灰石の質量を0.50g，0.75g，1.00g，1.25g，1.50gに変えて，それぞれうすい塩酸20cm³と反応させた。下の表は，実験1，2の結果をまとめたものである。

石灰石の質量[g]	0.25	0.50	0.75	1.00	1.25	1.50
Ⅰで測定したペットボトル全体の質量[g]	61.95	62.20	62.45	62.70	62.95	63.20
Ⅱで測定したペットボトル全体の質量[g]	61.95	62.20	62.45	62.70	62.95	63.20
Ⅲで測定したペットボトル全体の質量[g]	61.84	61.98	62.12	62.26	62.51	62.76

問　実験2について，次の①，②の問いに答えなさい。

① 表をもとにして，石灰石の質量と発生した気体の質量との関係を表すグラフをかきなさい。

② ペットボトルに入れた石灰石が1.50gのとき，石灰石の一部が反応せずに残っていた。残った石灰石を完全に反応させるためには，同じ濃度のうすい塩酸がさらに何cm³必要か，求めなさい。

(新潟県)

5 銅の酸化とその質量変化

さまざまな質量のマグネシウムを空気中で十分に加熱し，質量の変化を調べた。加熱前のマグネシウムの質量と加熱後に生じた酸化マグネシウムの質量の関係をグラフに表したところ，図のようになった。これと同じように，さまざまな質量の銅を空気中で加熱し，加熱後に生じた酸化銅の質量を調べたところ，表のようになった。あとの問いに答えなさい。

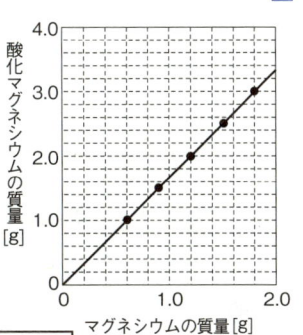

銅の質量 [g]	0.4	0.8	1.2	1.6	2.0
酸化銅の質量 [g]	0.5	1.0	1.5	2.0	2.5

問1 実験での銅の色の変化を，例にならって書きなさい。
 例 白色 → 黄色
問2 表をもとに，銅の質量と化合した酸素の質量との関係を表すグラフをかきなさい。ただし，実験から求められる値は(•)ではっきり記入すること。
問3 銅を加熱したときの化学変化を化学反応式で表しなさい。ただし，酸化銅は銅原子と酸素原子が1：1の割合で結びついているものとする。
問4 一定の質量の酸素に化合するマグネシウムと銅の質量の比を整数比で表しなさい。

(富山県)

6 酸化銀の熱分解

20gの試験管に4.5gの酸化銀を入れて，試験管全体の質量を測定した。次に，この試験管を十分に

	加熱前	加熱後
試験管全体の質量 [g]	24.5	24.2

加熱して酸化銀をすべて分解した後に，再び試験管全体の質量を測定した。表は，その結果を示したものである。表をもとにすると，酸化銀の分解により1.0gの酸素を発生させるには，酸化銀は何g必要と考えられるか。ただし，酸化銀がすべて分解する以外には反応は起こらないものとする。

(静岡県)

問題 Step 05 化学変化のきまり

7 酸化銅の還元

【実験】 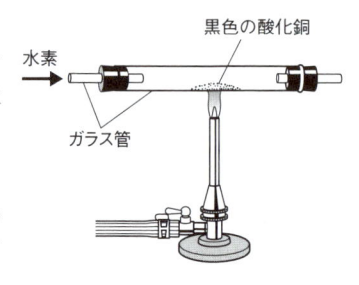
1. 右の図のように、黒色の酸化銅5.0gを太いガラス管に入れ、細いガラス管から水素を送りながら、しばらく熱した。
2. 1の操作をやめ、冷えてから太いガラス管に残った固体を取り出してみると、黒色の酸化銅と赤色の物質が混じり合っていた。また、太いガラス管の内側はくもっていた。
3. 2の赤色の物質を調べたところ、それは銅であり、その質量は2.8gであることがわかった。

問1 実験で起こった、黒色の酸化銅から銅が生じる化学変化を化学反応式で書きなさい。

問2 右のグラフは、銅と酸素が過不足なく反応したときの、銅の質量と酸素の質量の関係を示したものです。
　実験で、反応せずに残った黒色の酸化銅の質量は何gですか。グラフを参考にして、数字で書きなさい。
(岩手県)

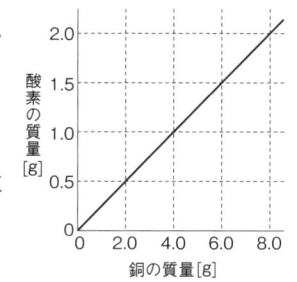

8 銅の酸化

銅が酸素と化合する化学変化を、銅原子を⊗、酸素原子を○として、モデルで表すとどうなるか。図を完成させよ。
(福岡県)

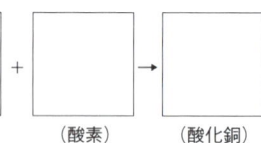

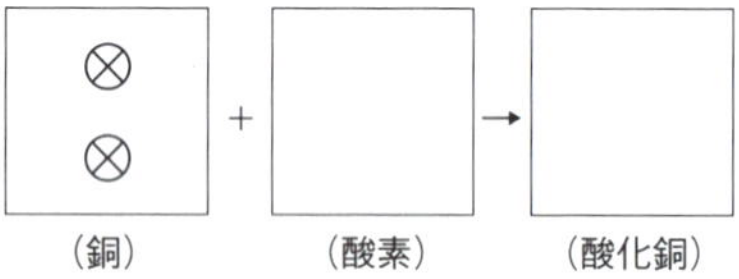

9 化学反応式

(1)～(6)の化学変化を化学反応式で表せ。
(1) 鉄と硫黄が化合して硫化鉄となる。
(2) 銅と酸素が化合して黒色の酸化銅となる。
(3) 炭素と酸素が化合して二酸化炭素となる。
(4) 水素と酸素が化合して水となる。
(5) 酸化銀の熱分解。
(6) 炭酸水素ナトリウムの熱分解。

10 質量保存の法則

両端が開いた，まっすぐなガラス管の質量をてんびんで測定した。秤量値は37.86gであった。このガラス管を水平に保ち，管の中央部分に酸化銅(Ⅱ)を入れた。この酸化銅(Ⅱ)の入ったガラス管の質量は44.22gであった。

次に，このガラス管に水素を通じながら，<u>ガラス管の中央部分を外側からガスバーナーを用いて加熱した。</u>

反応が終了したとき，中身をこぼさぬように注意しながら，ガラス管の質量を測定したら42.94gであった。
(1) 下線部の操作によってどのような変化が観察されるかを述べよ。
(2) 下線部の操作によって起こる化学反応の反応式を書け。
(3) 銅と結合していた酸素の質量[g]を求めよ。

(大阪女子大)

11 化学反応式の係数

我が国の火力発電所では，燃料の燃焼で生じるガス中に含まれる微量の一酸化窒素を，触媒の存在下でアンモニアおよび酸素と反応させる方法で，無害な窒素に変えて排出している。このことに関連する次の化学反応式中の係数(a～c)の組合せとして正しいものを，右の①～⑥のうちから一つ選べ。

	a	b	c
①	2	4	4
②	2	6	4
③	2	6	9
④	4	4	6
⑤	4	9	6
⑥	6	2	3

$$a\,NO + b\,NH_3 + O_2 \longrightarrow 4N_2 + c\,H_2O$$

(センター)

Step 06 酸性・アルカリ性（塩基性）の物質

▶酸と塩基（アルカリ）については，化学Ⅰで学習する重要テーマの一つです。
注 高校化学では，アルカリを塩基，アルカリ性を塩基性と表すことが多い。

1 酸性とアルカリ性

問 あ ， い に当てはまる語の組合せとして，正しいものをア～エの中から一つ選べ。

二つの液体 あ ， い に，それぞれ緑色のBTB溶液を数滴加えたところ， あ は黄色に， い は青色にそれぞれ変化した。

	あ	い
ア	レモン汁	石灰水
イ	石灰水	セッケン水
ウ	セッケン水	酢
エ	酢	レモン汁

（茨城県）

●酸性の水溶液（例 胃液，塩酸，硫酸，レモン汁，酢，炭酸水など）の性質
- (1) 青色リトマス紙を赤色に変色する。
- (2) 緑色のBTB溶液を加えると，黄色に変化する。
- (3) マグネシウムMg，鉄Fe，亜鉛Znなどと反応して，水素を発生する。

●アルカリ性の水溶液（例 水酸化ナトリウム水溶液，石灰水，セッケン水など）の性質
- (1) 赤色リトマス紙を青色に変色する。
- (2) 緑色のBTB溶液を加えると，青色に変化する。

よって，BTB溶液を黄色にするのはレモン汁や酢で，青色にするのはセッケン水や石灰水なので，アが答。

答 ア

2 塩酸のようす

問 うすい塩酸は，塩化水素を水に溶かしたものである。塩化水素が水に溶け，電離しているようすを表すモデルとして，最も適当なものはどれか。

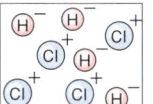

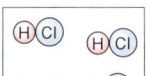

ア． イ． ウ． エ．

（山梨県）

塩酸が電離しているようすは，イオン反応式では次のように書く。

イオン反応式 $HCl \longrightarrow H^+ + Cl^-$

答 イ

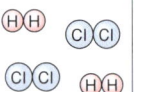

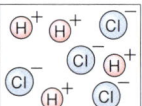

問3 塩の生成

【実験】ビーカーにうすい水酸化ナトリウム水溶液を10cm³入れ，BTB溶液を2滴加えると，青色になった。その後，ビーカー内の水溶液にうすい塩酸を少しずつ加えながらよくかき混ぜ，水溶液の色が緑色になったところでうすい塩酸を加えるのをやめた。

次に，緑色になった水溶液をスライドガラスに1滴とり，ゆっくり水を蒸発させると白い固体の物質Aが残った。物質Aを顕微鏡で観察したところ，ほぼ立方体の結晶が見られた。

(1) アルカリ性の水溶液と酸性の水溶液を混ぜると起こる，それぞれの性質を互いに打ち消し合う反応を何というか，書きなさい。

(2) 実験でできた物質Aを，化学式で書きなさい。

(宮城県)

酸性の水溶液とアルカリ性の水溶液を混ぜ合わせて起こる，お互いの性質を打ち消し合う反応を (1)**中和** という。

塩酸	+	水酸化ナトリウム	⟶	塩化ナトリウム（塩）	+	水
化学反応式　　$HCl + NaOH \longrightarrow NaCl + H_2O$

⚠ 酸の陰イオンとアルカリの陽イオンが結びついた物質を塩という。

答　(1) 中和　(2) NaCl

問4 水に溶けにくい塩の生成

【実験】①ビーカーに，うすい硫酸を8cm³とった。
②こまごめピペットを用いてビーカーに，うすい水酸化バリウム水溶液を10cm³加えてかき混ぜると，白い沈殿ができた。

(1) ②では，うすい硫酸とうすい水酸化バリウム水溶液のそれぞれの性質を互いに打ち消し合う化学変化が起こった。この化学変化を何というか，漢字で書きなさい。

(2) ②でできた沈殿の物質名を書きなさい。また，この沈殿とともにできた物質の化学式を書きなさい。

(長野県)

硫酸 H_2SO_4 に水酸化バリウム $Ba(OH)_2$ 水溶液を加えると **中和** が起こり，硫酸バリウム $BaSO_4$ の白い沈殿（→水に溶けにくい塩）と水 H_2O ができる。

化学反応式　　$H_2SO_4 + Ba(OH)_2 \longrightarrow BaSO_4 + 2H_2O$

答　(1) 中和　(2) 硫酸バリウム，H_2O

Step問題 06 酸性・アルカリ性（塩基性）の物質

解答▶別冊 p.029

1 中和

次のうち，食酢を中和することができるものはどれか。
ア 食塩　イ 重そう　ウ レモン汁　エ 砂糖
（栃木県）

2 雨水の性質

環境問題に興味をもった次郎君は，雨水や川の水についてインターネットで調べてみたところ，次のようなことがわかった。

> ①雨水はもともと弱い酸性を示している。しかし，近年，さらに強い酸性を示す雨水（酸性雨）が環境に深刻な影響を与えている。また，火山近くから流れ出る川の水にも強い酸性を示すものがある。この水は，そのままでは水資源として使えないため，②石灰石（炭酸カルシウム）の粉末を混ぜた水を加えるなどの処理をしたうえで利用している。

問1 下線部①は，雨水に空気中のある物質が溶けているからである。現在，この物質は地球温暖化の原因物質の一つとして知られている。また，この物質は炭酸水素ナトリウムを加熱したときにも発生する。この物質の化学式を書け。

問2 下線部②について，石灰石（炭酸カルシウム）のはたらきを簡単に説明せよ。
（長崎県）

3 塩酸の中和

塩酸の酸性を弱める反応について，次の実験を行った。あとの問いに答えなさい。

【実験】図のように，BTB溶液を加えたうすい塩酸の入った試験管にマグネシウムリボンを入れると，さかんに気体が発生し始めた。その試験管に水酸化ナトリウム水溶液を加えていくと，やがて気体の発生が止まった。その後も水酸化ナトリウム水溶液を加え続けたが，試験管中の水溶液がアルカリ性になっても気体は発生せず，マグネシウムリボンの一部は残っていた。

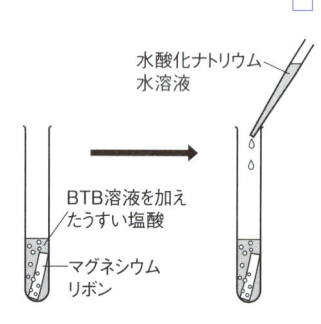

問1 次の文中の ① , ② には入れるのに適している物質名を， ③ には入れるのに適している化学式を書きなさい。
　　塩酸は水に ① とよばれる気体を溶かしたものであり，酸性を示す。

このために塩酸に水酸化ナトリウム水溶液を混ぜると中和する。また，塩酸はマグネシウムと反応し，② が発生する。この発生した気体の化学式は ③ である。

問2 次のうち，実験において水酸化ナトリウム水溶液を加える前と，試験管中の溶液が中性になったときと，試験管中の溶液がアルカリ性になったときの試験管中の溶液の色を順に示したものとして最も適しているものはどれか。一つ選び，記号を書きなさい。

　ア　緑色→青色→黄色　　イ　緑色→黄色→青色
　ウ　黄色→青色→緑色　　エ　黄色→緑色→青色
　オ　青色→黄色→緑色　　カ　青色→緑色→黄色

（大阪府）

4 中和のようす

図のように，緑色のBTB溶液を2，3滴加えた$10cm^3$の水酸化ナトリウム水溶液に，こまごめピペットを用いて塩酸を少しずつ加え，$2cm^3$ごとに水溶液の色の変化を記録した。表はその結果をまとめたものである。

塩酸の体積[cm^3]	0	2	4	6	8	10
水溶液の色	青	青	青	緑	黄	黄

① 塩酸を加える前の水酸化ナトリウム水溶液は青色になっていることから，何性の水溶液であるといえるか，書きなさい。

② この実験について述べた次の文が正しくなるように，a，bに当てはまる語句を次のア～カから一つずつ選んで記号を書きなさい。

中和が起こっているのは，塩酸を（　a　）ときから，塩酸を（　b　）ときまでである。

　ア　加え始めた　　イ　$2cm^3$加えた　　ウ　$4cm^3$加えた
　エ　$6cm^3$加えた　　オ　$8cm^3$加えた　　カ　$10cm^3$加えた

（秋田県）

Step問題 06 酸性・アルカリ性(塩基性)の物質

5 中和と塩

うすい塩酸とうすい水酸化ナトリウム水溶液を混ぜ合わせたときの，水溶液の性質を調べる実験を行った。下の□内は，その実験の内容の一部である。次の各問いに答えよ。

> うすい塩酸$10cm^3$をビーカーにとり，BTB溶液を数滴加えたところ，ビーカー内の液の色が（　　）色になった。ビーカー内の液に，こまごめピペットを使い，うすい水酸化ナトリウム水溶液を少しずつ加えながら，ビーカーを軽く動かして液を混ぜ，液の色の変化を観察した。うすい水酸化ナトリウム水溶液を$15cm^3$加えたとき，ビーカー内の液の色が緑色になった。次に，この緑色になった液をスライドガラスに少量とり，水分を蒸発させると，白い固体が残った。この固体を双眼実体顕微鏡で観察すると結晶が見えた。

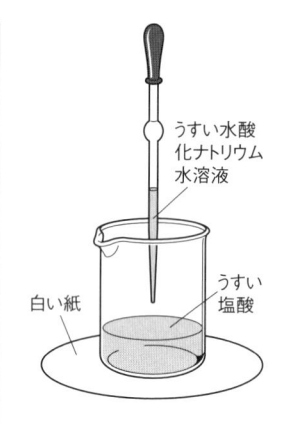

問1 文中の（　　）に，当てはまる色を書け。

問2 下線部は，何の結晶か。その物質の化学式を書け。また，その結晶の形を，下の模式図1〜4から一つ選び，番号で答えよ。

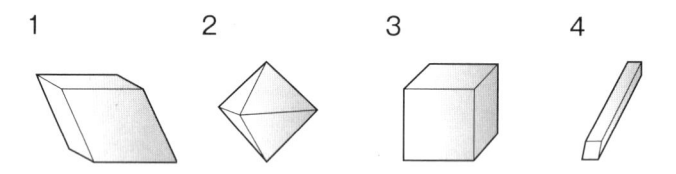

問3 下の□内は，この実験について，生徒がまとめたレポートの一部である。

> 塩酸などの酸性の水溶液と水酸化ナトリウム水溶液などのアルカリ性の水溶液を混ぜ合わせると，お互いの性質を打ち消し合う反応が起こる。この反応を（　　）といい，このときできる物質を塩という。

(1) 文中の（　　）に，適切な語句を入れよ。
(2) 下線部について，うすい硫酸にうすい水酸化バリウム水溶液を加えたときにできる塩の名称を書け。

(福岡県)

6 水溶液の性質

A～Eの五つのビーカーには，蒸留水，塩化ナトリウム水溶液，うすい塩酸，うすい水酸化ナトリウム水溶液，うすい水酸化バリウム水溶液のいずれかが入っている。それぞれのビーカーに，どの液体が入っているかを調べるために，実験1～3を行った。実験の結果から，BとEのビーカーに入っている液体を，下のア～オの中からそれぞれ一つずつ選んで，その記号を書きなさい。

【実験1】それぞれの液体を試験管にとり，緑色のBTB溶液を数滴加えて色を観察したところ，AとBが青色，Cが黄色，DとEが緑色であった。

【実験2】AとBの液体を試験管にとって，こまごめピペットでうすい硫酸を数滴加えたところ，Aの液体だけ図のような白い物質ができた。

【実験3】DとEの液体をそれぞれスライドガラスに少量とって乾燥させたところ，Dの液体だけ白い結晶が現れた。

　ア　蒸留水　　イ　塩化ナトリウム水溶液　　ウ　うすい塩酸
　エ　うすい水酸化ナトリウム水溶液　　オ　うすい水酸化バリウム水溶液

(茨城県)

7 中和計算

濃さの異なる2種類の塩酸（A液，B液）と，濃さの異なる2種類の水酸化ナトリウム水溶液（C液，D液）を用意した。これらの水溶液について，次のア～エの実験結果を得た。反応後の反応液に，最も多くの塩化ナトリウムが含まれるのはどの実験か。次のア～エのうちから，最も適当なものを一つ選び，その記号を書きなさい。ただし，塩酸中の塩化水素と水酸化ナトリウムは，どちらか一方がなくなるまで反応するものとする。

　ア　A液とC液を$100cm^3$ずつ反応させると，反応液は酸性になった。
　イ　A液とD液を$100cm^3$ずつ反応させると，反応液は酸性になった。
　ウ　B液とC液を$100cm^3$ずつ反応させると，反応液はアルカリ性になった。
　エ　B液とD液を$100cm^3$ずつ反応させると，反応液は酸性になった。

(県立船橋高)

問題 06 酸性・アルカリ性（塩基性）の物質

8 酸，塩基，塩の性質

次の文章中の空欄（ ア ～ ウ ）に当てはまる語，化合物，およびイオンの組合せとして最も適当なものを，下の①～⑧のうちから一つ選べ。

　ア 色リトマス紙の中央に イ の水溶液を1滴たらしたところ，リトマス紙は変色した。図のように，このリトマス紙をろ紙の上に置き，電極に直流電圧をかけた。変色した部分はしだいに左側に広がった。この変化から， ウ が左側へ移動したことがわかる。

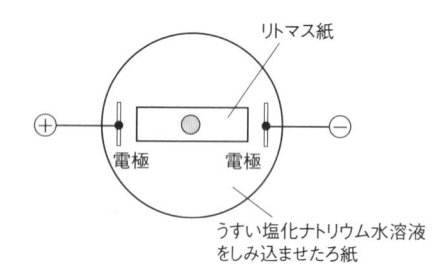

	ア	イ	ウ
①	青	NaOH	Na^+
②	青	NaOH	OH^-
③	青	HCl	H^+
④	青	HCl	Cl^-
⑤	赤	NaOH	Na^+
⑥	赤	NaOH	OH^-
⑦	赤	HCl	H^+
⑧	赤	HCl	Cl^-

（センター）

9 酸や塩基の定義

酸や塩基の水溶液が電気伝導性を示すことから，水溶液中では酸や塩基がイオンに電離していると考え，1887年に ア は，物質が水に溶けたときに，水素イオンを生じる物質を酸，水酸化物イオンを生じる物質を塩基と定義した。このときに生成した水素イオンは水溶液中では水分子と結合して イ として存在する。その後，1923年に ウ とローリーは，水溶液以外での酸・塩基を説明するために，水素イオンを与える分子やイオンを酸，水素イオンを受けとる分子やイオンを塩基とした。この考えに基づくと，水は塩化水素と反応するときには塩基としてはたらき，アンモニアと反応するときには酸としてはたらく。

酸・塩基の強さを表すのにpHがよく使われる。溶液の性質は，pHが7のときを中性，7より小さいときを酸性，7より大きいときをアルカリ性（塩基性）という。

問1 文中の空欄 ア ～ ウ に適切な語句を入れよ。
問2 下線部について，（ⅰ）水が塩化水素と反応するとき，（ⅱ）水がアンモニアと反応するときの化学反応式を書け。

(東北大)

10 ブレンステッド・ローリーの定義

次の反応式中のH_2Oのはたらきについての正しい記述を，下のA～Eのうちから二つ選べ。

$HCl + H_2O \longrightarrow H_3O^+ + Cl^-$

A 酸としてはたらいている。
B 塩基としてはたらいている。
C 酸，塩基のいずれのはたらきもしていない。
D $CH_3COO^- + H_2O \rightleftarrows CH_3COOH + OH^-$ のH_2Oと同じはたらきをする。
E $NH_4^+ + H_2O \rightleftarrows NH_3 + H_3O^+$ のH_2Oと同じはたらきをする。

(神戸学院大学)

Step 07 酸化と還元

▶中学理科の内容がそのまま出題されることが多い分野です。単語を中心に押さえましょう。

1 マグネシウムの燃焼

問 うすい板状のマグネシウムをガスバーナーで直接加熱したところ，マグネシウムは強い光を出しながら燃えた。
物質が酸素と化合することを ① といい，この実験のように，熱や光を激しく出しながら ① が進むことを，特に燃焼という。また，マグネシウムと酸素が化合してできた物質の化学式は ② である。
① には適当な語を， ② には適当な化学式を入れなさい。　　　　（熊本県）

マグネシウム Mg を空気中で燃やすと，強い光を出しながら燃えて白い粉末の酸化マグネシウム MgO になる。

化学反応式：　マグネシウム ＋ 酸素 ⟶ 酸化マグネシウム
　　　　　　　$2Mg + O_2 \longrightarrow 2MgO$

このように，物質が酸素と化合することを**酸化**①といい，熱や光を激しく出しながら酸化が進むことを特に**燃焼**という。

答 ①酸化　②MgO

2 酸化と還元

問 次の文中の空欄①，②に当てはまる化学変化の名称を答えよ。
物質が酸素と化合して酸化物ができる化学変化を ① といい，酸化物が酸素をうばわれる化学変化を ② という。化学変化では， ① と ② は同時に起きている。　　　　（北海道）

物質が酸素 O と化合して酸化物ができる化学変化を**酸化**①といい，酸化物が酸素 O をうばわれる化学変化を**還元**②という。

●銅の酸化　　　　銅 ＋ 酸素 ⟶ 酸化銅
　化学反応式：　$2Cu + O_2 \longrightarrow 2CuO$

●酸化銅の還元　　酸化銅 ＋ 水素 ⟶ 銅 ＋ 水
　化学反応式：　$CuO + H_2 \longrightarrow Cu + H_2O$

答 ①酸化　②還元

3 酸化還元反応

問 図のような装置を用いて，酸化銅と炭素の粉末との混合物を試験管に入れて加熱したところ，気体が発生し，銅が生じた。また，発生した気体は石灰水を白くにごらせた。次の問いに答えなさい。

問1　発生した気体は何か。化学式で書きなさい。

問2　酸化銅と炭素に起きた化学変化について正しく説明している文を，次のア〜エから一つ選んで，記号で答えなさい。
ア．酸化銅は酸化され，炭素は還元された。
イ．酸化銅は酸化され，炭素も酸化された。
ウ．酸化銅は還元され，炭素は酸化された。
エ．酸化銅は還元され，炭素も還元された。

問3　この反応を原子のモデルで表したとき，正しいものを，次のア〜エから一つ選んで記号で答えなさい。ただし，●は銅，○は酸素，●は炭素とする。

ア．●○ + ● → ● + ●○○
イ．●○ + ● → ●● + ○
ウ．●○ + ● → ● + ●○○
エ．○●○ + ● → ● + ●○

（沖縄県）

酸化銅 CuO と炭素 C の粉末を加熱すると，酸化銅 CuO が【還元】されて（炭素 C は【酸化】されて）銅 Cu が生じ，二酸化炭素 CO_2 が発生する。二酸化炭素 CO_2 は石灰水を白くにごらせる。

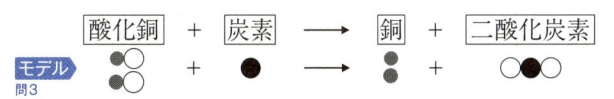

　　　　酸化銅　＋　炭素　→　銅　＋　二酸化炭素

モデル　●○　＋　●　→　●　＋　○●○

（●は銅 Cu 原子，○は酸素 O 原子，●は炭素 C 原子を表している。）

化学反応式　$2CuO + C \longrightarrow 2Cu + CO_2$

答　問1：CO_2　　問2：ウ　　問3：ウ

Step 問題 07 酸化と還元

解答 ▶ 別冊 p.035

1 金属の酸化と還元

金属の酸化と還元についての問題である。

問1 私たちの身のまわりでよく用いられている <u>ある金属の単体</u> は，その金属の酸化物を加熱しては得られないため，古くから木炭などの炭素からなる物質を使って還元し，取り出してきた。その金属単体の名前を，次のア〜オから一つ選び記号で答えなさい。

　　ア 鉄　イ 金　ウ アルミニウム　エ 銀　オ マグネシウム

問2 下の ☐ 内は，（Ⅰ）の化学反応について説明したものである。文中の（ ① ）〜（ ④ ）に適当な語句を入れて文を完成させ，その（ ② ）と（ ③ ）に入る語句の組合せを，次のア〜オから一つ選び記号で答えなさい。

　　酸化銅 ＋ 炭素 ⟶ 銅 ＋ 二酸化炭素　…（Ⅰ）

> （ ① ）が酸化されて（ ② ）になった。また，（ ③ ）が還元されて（ ④ ）になった。

　　ア ②銅，③炭素　　　　　イ ②銅，③酸化銅
　　ウ ②二酸化炭素，③炭素　エ ②二酸化炭素，③酸化銅
　　オ ②酸化銅，③二酸化炭素

問3 酸化銅は，水素でも還元することができる。そのことについて ☐ 内の（　）に適当な化学式を入れ，化学反応式を完成させなさい。

　　$CuO + H_2 \longrightarrow$ （　　）＋（　　　）

問4 私たちの身のまわりで見られるさびも酸化の一つである。身近にある金属の加工品は，さびを防ぐため表面を塗装したり，酸化物の膜で覆ったりとさまざまな工夫がされている。この目的について述べた ☐ 内の文の（　）に最も適当な語句を入れ，文を完成させなさい。

> 空気中の（　　　）と金属が触れるのを（　　　）ため。

（沖縄県）

2 マグネシウムの燃焼

マグネシウムの燃焼では，同時に熱や光が発生する。これらは，マグネシウムのもつ化学エネルギーが熱や光のエネルギーに変換されたものである。このように，化学エネルギーを他のエネルギーに変換しているのはどれか。次のア〜エから一つ選びなさい。

　　ア 太陽電池　イ 水力発電　ウ 燃料電池　エ 手回し発電機

（滋賀県）

3 ろうそくの燃焼実験

次の実験について、あとの問いに答えなさい。

【実験】図のように、ろうそくとスチールウール（鉄）をそれぞれ別のびんの中で燃やした。

ろうそくを燃やしたびんは①内側が少しくもったが、スチールウールを燃やしたびんはくもらなかった。また、スチールウールは②黒っぽい物質に変化した。

火が消えた後、ろうそくとスチールウールを取り出し、③それぞれのびんのふたを閉めてからよく振り、石灰水のようすを観察した。

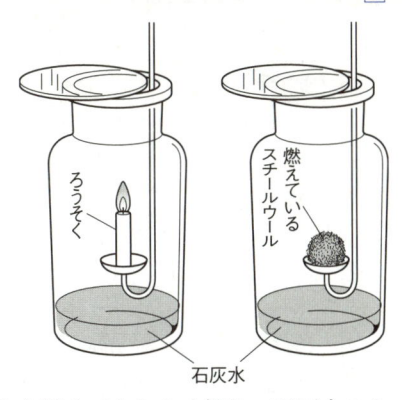

問1 下線部①の結果からわかることについて説明した次の文の（　）に適語を入れ、文を完成せよ。

> びんの内側が少しくもったのは（　）ができたからである。このことから、ろうそくには（　）原子が含まれていることがわかる。

問2 下線部②の黒っぽい物質の質量は、燃焼前のスチールウールの質量よりも大きかった。その理由を書け。

問3 下線部③の観察の結果として正しい組合せは、次のどれか。

	ろうそくを燃やしたびん	スチールウールを燃やしたびん
ア	白くにごった	白くにごった
イ	白くにごった	変化しなかった
ウ	変化しなかった	白くにごった
エ	変化しなかった	変化しなかった

問4 スチールウールは金属である。次の物質のうち、金属に分類されるものを二つ選び、それぞれ化学式で書け。

硫黄　アンモニア　炭素　マグネシウム　塩素　銅

問5 スチール缶とアルミニウム缶はリサイクルされ、省資源・省エネルギーに役立っている。この2種類の缶が混ざっているとき、缶の表記にたよらずに、スチール缶だけを取り出す方法を書け。

（長崎県）

問題 Step 07　酸化と還元

4　銅の酸化と質量変化

銅の酸化に関する次の実験について，あとの(1)～(4)の問いに答えなさい。

【実験】 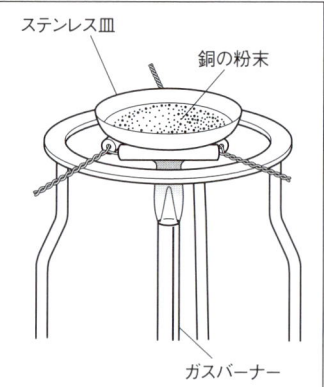
1. 電子てんびんでステンレス皿の質量をはかり，その中に銅の粉末1.00gを入れた。
2. 図のように，1の銅の粉末をうすく広げ，ガスバーナーで5分間加熱した。よく冷ました後，ステンレス皿全体の質量をはかり，ステンレス皿上の銅の粉末がまわりにとびちらないように注意して，よくかき混ぜた。
3. 2の操作を繰り返し，加熱後のステンレス皿内の粉末だけの質量を計算し，その結果を表にまとめた。

表

加熱した回数	1	2	3	4	5
加熱後の粉末の質量[g]	1.12	1.22	1.25	1.25	1.25

(1) 実験の結果，銅の色は変化しました。何色に変わったか，書きなさい。

(2) 実験で，銅が変化するときの化学変化を，化学反応式で表しなさい。

(3) 表で，3回目以降は加熱後の粉末の質量は変化しなかったことから，加熱によって，ステンレス皿内の粉末がすべて酸化銅になったと考えられます。酸化銅ができるときの，銅と酸素の質量の比として，最も適切なものを次のア～エから一つ選び，記号で答えなさい。
　ア　1:4　　イ　4:1　　ウ　4:5　　エ　5:4

(4) 表で，3回目の加熱だけでできた酸化銅の質量は何gになると考えられるか，求めなさい。
　　　　　　　　　　　　　　　　　　　　　　　　（宮城県）

5　酸化銅の還元

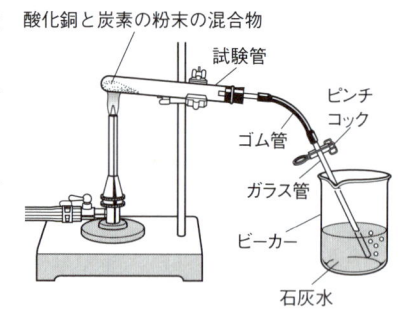

右の図のように，酸化銅と炭素の粉末の混合物を試験管に入れ，ガスバーナーで加熱した。すると，気体が発生してビーカーの石灰水が白くにごり，試験管の中の物質が黒色から赤色に変化した。反応が終わった後，ある操作をしてから，加熱するのをやめ，ピンチコックでゴム管を閉じた。試験管が冷めてから中の物

060

質を取り出して調べると，金属に共通する性質を示した。これについて，あとの各問いに答えなさい。

問1 この実験で，反応が終わった後，加熱するのをやめる前にしなければならない<u>ある操作</u>がある。<u>ある操作</u>とはどのような操作か，簡単に書きなさい。

問2 この実験で得られた赤色の物質が示した，金属に共通する性質とはどのような性質か，次のア〜エから適当なものをすべて選び，その記号を書きなさい。

　　ア　塩酸を加えると気体が発生する。　　イ　磁石につく。
　　ウ　みがくと特有の光沢が見られる。　　エ　電気をよく通す。

問3 この実験で，試験管の中で起きた化学変化を化学反応式で表すとどうなるか，書きなさい。ただし，酸化銅の化学式は，CuOとする。

問4 この実験では，酸化銅が還元されて赤色の物質ができた。私たちの生活にとってなくてはならない鉄も，鉄鉱石（酸化鉄を多く含む磁鉄鉱や赤鉄鉱など）が還元されることで取り出されている。還元とはどのような化学変化か，「酸化物」という言葉を使って簡単に書きなさい。

（三重県）

6 酸化還元反応式

　酸化銅を十分に加熱し，図のように半分に切った乾いたペットボトルに水素を満たしたものを静かにかぶせたところ，酸化銅は赤色に変化し，ペットボトルの内側に液体がついた。ペットボトルの内側についた液体に青色の塩化コバルト紙をつけたところ，赤色（桃色）に変わった。

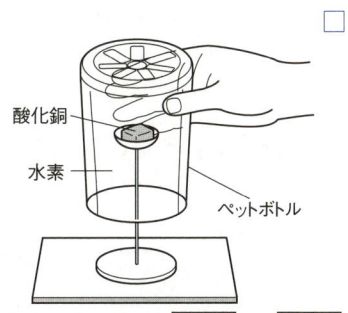

　この化学変化を次のように化学反応式で表すとき，次の (1) 〜 (3) に，それぞれ当てはまる化学式を一つずつ書け。ただし，(2)と(3)の答えの順序は問わない。

　　(1) ＋ H_2 ⟶ (2) ＋ (3)

（東京都）

7 銅の酸化

【実験1】銅の粉末を加熱したところ酸化銅が生じた。この反応は次の化学反応式で表される。

$$2Cu + O_2 \longrightarrow 2CuO$$

問1 次の文は実験1の説明である。文中の（ ① ）に適する数値と，（ ② ）に適する色の組合せとして正しいものを，下のア〜エの中から一つ選び，記号を書きなさい。

銅の粉末は，空気中に約（ ① ）％含まれている酸素と化合して（ ② ）色の酸化銅になった。

	①	②
ア	20	黒
イ	20	白
ウ	80	黒
エ	80	白

問2 次のア〜エの中から，酸化でないものを一つ選び，記号を書きなさい。
ア　長い時間がたつと紙の色が変色した。
イ　鉄棒にさびがついた。
ウ　炭酸水素ナトリウムを加熱すると，二酸化炭素が発生した。
エ　水素に点火すると水ができた。

【実験2】1.00gの酸化銅に炭をよく混ぜて加熱したところ，酸化銅は完全に反応して銅が生じた。酸化銅の質量を変えて同様の実験を行ったところ，酸化銅と生じた銅の質量の関係は表のようになった。

酸化銅の質量[g]	1.00	2.00	3.00	4.00	5.00
生じた銅の質量[g]	0.80	1.60	2.40	3.20	4.00

問3 実験2で起こった酸化銅の変化を何というか，書きなさい。

問4 次の文は実験2の結果を考察したものである。文中の（ ① ）には適する数値を，（ ② ）には最も簡単な整数比を書きなさい。

酸化銅の質量を増やすと生じた銅の質量も増加していった。表から，酸化銅の質量が7.00gのとき，生じる銅の質量は（ ① ）gになると考えられる。また，酸化銅の質量と反応によって酸化銅から取り除かれた酸素の質量の比は（ ② ）である。

問5　実験2で用いた炭の代わりに，小麦粉などの有機物を用いても同様の反応が起こる。有機物を，次のア～オの中から二つ選び，記号を書きなさい。
　　ア　食塩　　イ　砂糖　　ウ　プラスチック　　エ　水
　　オ　アルミニウム
(佐賀県)

8 酸化還元の定義

次の文中の□に当てはまる適切な語句を記せ。
1．酸化・還元反応は，物質が酸素と化合する反応を│ 1 │，酸素を失う反応を│ 2 │と定義することができる。しかし，この定義は，酸素が関与する反応に対してしか用いることができない。
2．酸化・還元反応は，物質が水素と結びつく反応を│ 3 │，水素を失う反応を│ 4 │と定義することもできる。この定義は，酸素が関与しないが水素が関与する反応にまで拡張して用いることができる。
(拓殖大)

9 酸化還元の定義

炭素は空気中で燃焼させると二酸化炭素を生じるが，このように物質が酸素と化合する反応を酸化といい，逆に酸素を失う反応を還元という。しかし，アルミニウムと塩素から塩化アルミニウムを生成する反応のように，酸素が関与しない酸化還元反応もあるので，一般的には電子の授受で酸化・還元を定義する。物質が電子を失った場合│(あ)│されたといい，電子を受けとった場合│(い)│されたという。

問1　下線部を反応式で示せ。
問2　空欄□に適切な語を記せ。
(北海道大)

Step 08 熱分解

▶熱分解反応は，反応させる物質と生成する物質を覚えることが必要になります。確実に覚え，反応式をつくれるようにしましょう。

問 図のように，試験管の中の炭酸水素ナトリウムを加熱し，発生する気体をペットボトルに集めた。①気体の発生が終わったところでガラス管を水そうから出し，その後，ガスバーナーの火を止めた。このとき気体はペットボトルに半分くらい集まった。ふたをした後，水そうから取り出して②よく振ると，ペットボトルはへこんでつぶれた。また，③試験管の底には白い物質が残り，④試験管の口付近に液体がついていた。

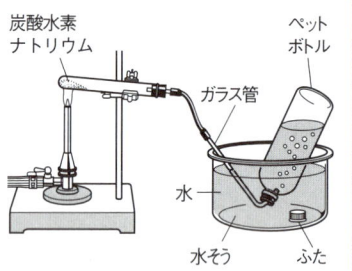

(1) 下線①について，火を止める前にガラス管を水そうから取り出すのはなぜか。その理由を簡潔に書きなさい。
(2) 下線②の結果からわかる気体の性質を，簡潔に書きなさい。
(3) 下線③について，白い物質は何か，その名称を書きなさい。
(4) 下線④について，液体が水であることを確かめるために用いる試験紙は何か，その名称を書きなさい。

（和歌山県）

ホットケーキを焼くときに使うふくらし粉（ベーキングパウダー）に含まれている炭酸水素ナトリウムを加熱すると，熱分解反応が起こる。

炭酸水素ナトリウム →(加熱) 炭酸ナトリウム + 二酸化炭素 + 水
(3)（試験管の底の白い物質）　　　　　　　　　　（試験管の口付近の液体）

化学反応式 $2NaHCO_3$ →(加熱) Na_2CO_3 + CO_2 + H_2O

実験上の注意
生成した水が試験管の底に流れていくと試験管が割れることがあるので，試験管は口の方を少し下げておく。

(1) 水そうの水が試験管の中に逆流し，試験管が割れるのを防ぐために，火を止める前にガラス管を水そうから取り出す。
(2) 発生した二酸化炭素が水に溶けることにより，ペットボトル内の圧力が低下し，ペットボトルが大気圧につぶされてへこむ。
(4) 塩化コバルト紙は，水の検出に使う。青色→赤色（桃色）に変色する。

答 (1) 水そう内の水が試験管内に逆流するのを防ぐため。
(2) 発生した気体は水に溶ける。　(3) 炭酸ナトリウム　(4) 塩化コバルト紙

Step 問題 08 熱分解

解答▶別冊 p.040

1 酸化銀の分解

酸化銀を加熱したときの変化を調べるために、図のような装置を用いて実験を行った。下の［　］内は、その実験について生徒が発表した内容の一部である。次の各問いに答えよ。

> 酸化銀を加熱し、その色が変わり始めたころ、火のついた線香を試験管の中に入れると線香が炎を出して燃えました。このことから、酸素が発生していることがわかりました。酸化銀全体が白っぽい色の物質に変わったところで加熱をやめ、冷やした後、アルミニウムはくの皿に残った物質を取り出しました。取り出した白っぽい色の物質は、電流が①（P　流れ　　Q　流れず）、金づちでたたくと②（R　粉々になり　S　うすく広がり）、乳棒でこすると表面が光りました。

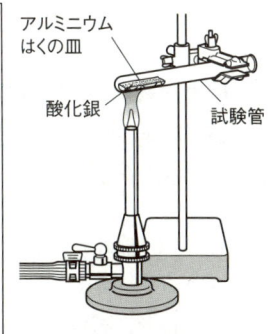

問1 実験で使用する酸化銀の色を、次の1〜4から一つ選び、番号で答えよ。
1　黒　　2　青　　3　黄　　4　赤

問2 文中の①，②の（　）内の語句から、それぞれ適切なものを一つずつ選び、記号で答えよ。

問3 下の［　］内は、この実験について先生が説明した内容の一部である。

> 酸化銀は加熱すると、銀と酸素に分かれます。このように、1種類の物質が2種類以上の物質に分かれる化学変化を [X] といいます。[X] して生成した物質を調べることで、もとの物質の成分が推定できます。また、物質は原子からできています。酸化銀のように2種類以上の原子からできている物質を (a) といい、酸化銀を加熱してできた銀のように1種類の原子からできている物質を (b) といいます。

(1) 文中の [X] に適切な語句を入れよ。
(2) 文中の (a)，(b) に当てはまる語句の組合せを、次の1〜4から一つ選び、番号で答えよ。
　　1　aは分子，bは化合物　　2　aは分子，bは単体
　　3　aは化合物，bは単体　　4　aは化合物，bは分子
(3) 下線部の化学変化を、化学反応式で表すとどうなるか。下の［　］内の（ア），（イ）に化学式を入れて、化学反応式を完成させよ。

$$2(ア) \longrightarrow 4Ag + (イ)$$

（福岡県）

Step 問題 08 熱分解

2 気体の発生

酸化銀を加熱し，気体を発生させた。この気体と同じ気体を発生させる操作として最も適するものを，次の1～4の中から一つ選び，その番号を書きなさい。
1　二酸化マンガンにオキシドール（うすい過酸化水素水）を加える。
2　亜鉛にうすい塩酸を加える。
3　塩化銅水溶液を電気分解する。
4　炭酸水素ナトリウムを加熱する。

（神奈川県）

3 炭酸水素ナトリウムの熱分解反応

【実験】図のように炭酸水素ナトリウムを入れた試験管を加熱し，発生した気体を水上置換法で2本の試験管に集め，それぞれの試験管にゴム栓をした。気体が発生しなくなった後，ガラス管を水そうから取り出し，加熱をやめた。このとき，加熱した試験管の中には白い物質が残っており，試験管の口には液体がついていた。また，気体を集めた2本目の試験管に石灰水を入れて振ったところ，石灰水は白くにごった。

次に，新たに用意した2本の試験管にそれぞれ同じ量の水を入れ，1本には加熱した試験管の中に残っていた白い物質を，もう1本には炭酸水素ナトリウムを，それぞれ同じ量加えたところ，①それぞれの物質の溶け方には違いが見られた。さらに，それぞれの物質が溶けた水溶液にフェノールフタレイン溶液を2滴ずつ加えたところ，②いずれの水溶液も赤色を示したが，赤色の濃さには違いが見られた。

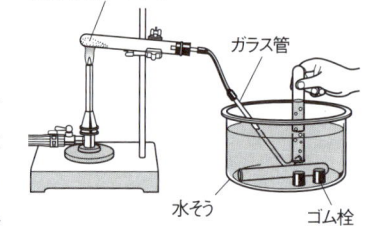

(1)　次の文の (a) , (b) に当てはまる語句を書きなさい。

　下線部①，②のことから，加熱した試験管の中に残っていた白い物質を溶かした水溶液と炭酸水素ナトリウムを溶かした水溶液はいずれも (a) 性であるが，これら二つの物質は別の物質であることがわかる。

　また，加熱によって，炭酸水素ナトリウムが，加熱した試験管の中に残っていた白い物質と試験管に集めた気体，試験管の口についていた液体の三つに分かれる化学変化（化学反応）が起きたと考えられる。このような化学変化を (b) という。

(2)　試験管に集めた気体が，炭酸水素ナトリウムが分かれる化学変化によって発生したものであるとすると，この気体から，炭酸水素ナトリウムをつくっている原子のうち，2種類の原子が推定できる。この2種類の原子を，原子の記号でそれぞれ書きなさい。

（北海道）

4 炭酸水素ナトリウムの熱分解実験

炭酸水素ナトリウム（重そう）を用いて，実験1～3を行った。**問1～問7**の問いに答えなさい。

【実験1】 図のように，炭酸水素ナトリウムを乾いた試験管Aに入れて加熱し，ガラス管の先から出てきた気体を試験管Bに集めた。このとき，はじめに出てきた試験管1本分の気体は捨てた。気体が出なくなった後，ガラス管を水の中から出し，加熱をやめた。試験管Aを観察すると，口の内側に液体が見られ，底に白い固体が残っていた。

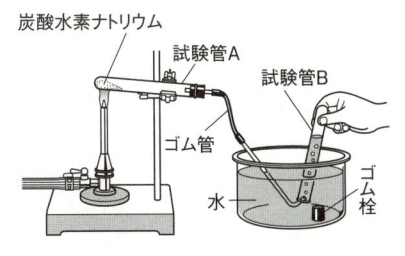

【実験2】 実験1で気体を集めた試験管Bに，石灰水を入れてよく振ったところ，石灰水が白くにごった。また，試験管Aの口の内側に見られた液体を，青色の塩化コバルト紙につけると，塩化コバルト紙の色がうすい赤色に変わった。

【実験3】 炭酸水素ナトリウムと，加熱後の試験管Aに残った白い固体を，それぞれ別の試験管に同じ量ずつとり，水を加えてよく振って水への溶け方を調べた。さらに，それぞれの試験管にフェノールフタレイン溶液を加えたときの色を観察した。表は，その結果をまとめたものである。

	炭酸水素ナトリウム	加熱後の試験管Aに残った白い固体
水への溶け方	溶け残った。	全部溶けた。
フェノールフタレイン溶液を加えたときの色	うすい赤色	濃い赤色

問1 実験1で，試験管Aの口を底より少し下げて加熱する理由を簡潔に説明しなさい。

問2 実験1で，試験管Bに気体を集める方法を何というか。言葉で書きなさい。

問3 実験1の下線部で，はじめに出てきた気体を捨て，実験2に使わなかった理由を簡潔に説明しなさい。

問4 実験2から，試験管Bに集めた気体は何とわかるか。化学式で書きなさい。

問5 実験2から，試験管Aの口の内側に見られた液体は何とわかるか。言葉で書きなさい。

問6 実験3から，加熱後の試験管Aに残った白い固体の水溶液は何性とわかるか。言葉で書きなさい。

問7 これらの実験を参考にして，カルメ焼きやホットケーキをつくるとき，炭酸水素ナトリウムを入れて加熱すると，よくふくらむ理由を簡潔に説明しなさい。

(岐阜県)

問題 08 熱分解

5 さまざまな熱分解反応

乾いた試験管に粉末の物質を入れ，図のような装置を組み立てて熱し，物質がどのように変化するかを調べた。次の**問1**，**問2**に答えなさい。

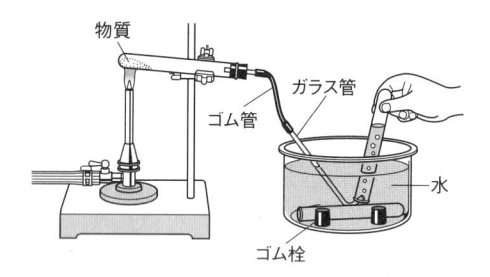

問1 粉末の酸化銀を弱火で熱すると，熱した試験管には銀ができ，水そうの試験管には気体Xを集めることができた。また，気体Xの入った試験管に火のついた線香を入れると炎を出して燃えた。

① 図のようにして気体を集める方法を何というか，書きなさい。

② 酸化銀を熱すると，次のように変化する。

　　酸化銀 ⟶ 銀 + 気体X

銀の原子を●，酸素の原子を◎としたとき，酸化銀のモデルは●◎●で表される。気体Xの分子1個のモデルをかきなさい。

③ 酸化銀のように2種類以上の原子でできている物質は次のどれか，すべて選んで記号を書きなさい。
　　ア 塩素　イ 水　ウ アンモニア　エ 硫黄
　　オ 塩化ナトリウム

問2 粉末の炭酸水素ナトリウムを弱火で熱すると，熱した試験管の内側には液体がつき，炭酸ナトリウムが残った。水そうの試験管には気体Yを集めることができた。

① 熱した試験管の内側についた液体が，水であることを確かめる際に用いるものは何か。また，用いるものの色の変化はどのようになるか，書きなさい。

② 気体Yを2本の試験管に集めた。一方の試験管に石灰水を加えたところ，石灰水は白くにごった。もう一方の試験管に緑色のBTB溶液を加えてよく振るとBTB溶液は何色を示すか，書きなさい。

③ この実験で，炭酸水素ナトリウムを熱してすべて変化させたところ，水0.18g，炭酸ナトリウム1.06g，気体Y0.44gができた。2.52gの炭酸水素ナトリウムを熱してすべて変化させたときにできる炭酸ナトリウムの質量は何gになるか，求めなさい。

(秋田県)

6 酸素の発生

酸素は工業的には液体空気の分留によって製造されるが，実験室では次のような方法によって得ることができる。

反応1　過酸化水素水に酸化マンガン（Ⅳ）を加える。
反応2　水を電気分解する。

問1　反応1における酸化マンガン（Ⅳ）の役割を述べよ。
問2　反応1で生成する酸素の捕集には，水上置換，上方置換，下方置換のうち，どの方法を用いるのがよいか，理由とともに述べよ。
問3　反応2で水の電気分解を行うときには，電気を流れやすくするために添加物を加える。酸素を得るために水に加える添加物として，最も適するものを次の(1)～(4)の中から選び，記号で記せ。
　(1)　塩酸　　(2)　水酸化ナトリウム　　(3)　砂糖
　(4)　炭素粉末

（名古屋工業大）

7 炭酸水素ナトリウムの熱分解

化学反応の量的関係を調べるため，炭酸水素ナトリウムを使って，次のような実験を行った。

まず乾いた試験管の質量をはかったところ20.61gであった。次に，炭酸水素ナトリウムを試験管に入れ，全体の質量をはかったところ22.71gであった。試験管をスタンドに固定し，図のような装置を組んだ。試験管をガスバーナーで加熱して，発生する気体を水酸化カルシウム水溶液の入った試験管に通した。気体の発生が止まってから，ゴム栓つきガラス管を試験管から取り外し，なおしばらく加熱を続けた。試験管の口付近に付着した液体は，加熱して蒸発させた。放冷したのち，試験管と内容物の全質量をはかったところ21.89gであった。

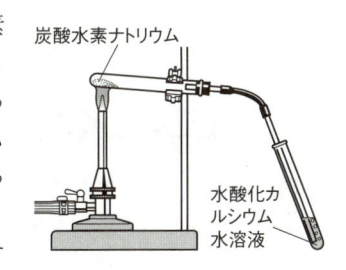

問1　図で炭酸水素ナトリウムの入った試験管の口を少し下げている。その理由を説明せよ。
問2　生じた炭酸ナトリウムは，工業的に重要な原料である。何の原料に一番多く用いられているか。
問3　炭酸ナトリウムの工業的製法を何というか。
問4　下線部の液体が何であるかを簡単に確かめるには，何を用いるか。

（三重大）

Step 09 電池

▶受験化学では，**3**の電池を「ボルタ電池」とよび，このような電池における反応を学習することになります。

問1 塩化ナトリウムの電離

(1) 塩化ナトリウムのように，水に溶かしたとき，できた水溶液が電流を通す物質を何というか，書きなさい。

(2) 塩化ナトリウムが，水に溶けるときに起こる変化を表した次の式において，ア と イ に当てはまる化学式やイオン式を書きなさい。

$$\boxed{ア} \longrightarrow Na^+ + \boxed{イ}$$

(石川県)

塩化ナトリウム NaCl を水に溶かすと，ナトリウムイオン Na^+ と塩化物イオン Cl^- に分かれる。このように**物質がイオンに分かれること**を**電離**といい，水に溶かしたときに電離する物質を**電解質**，電離しない物質を**非電解質**という。

イオン反応式 $\underset{ア}{NaCl} \longrightarrow Na^+ + \underset{イ}{Cl^-}$

答 (1) 電解質 (2) ア：NaCl イ：Cl^-

問2 電池のしくみ

電池のしくみを調べるために，図のような，液体の中に金属板A，Bを入れた装置を組み立てる。次のア～オの中から，この装置に導線で電子オルゴールをつないだとき，電子オルゴールが鳴る金属板A，Bと液体の組合せをすべて選び，記号で答えなさい。

	ア	イ	ウ	エ	オ
金属板A	銅板	銅板	銅板	亜鉛板	銅板
金属板B	銅板	亜鉛板	亜鉛板	亜鉛板	亜鉛板
液体	うすい塩酸	うすい塩酸	純粋な水	濃い食塩水	濃い食塩水

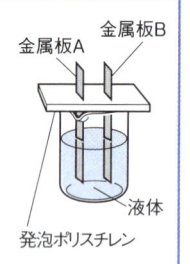

(静岡県)

種類の異なる金属を電解質を溶かした水溶液に入れると，化学電池をつくることができる。塩酸は電解質である塩化水素 HCl の水溶液で，食塩水は電解質である塩化ナトリウム NaCl の水溶液である。

イオン反応式 $HCl \longrightarrow H^+ + Cl^-$
イオン反応式 $NaCl \longrightarrow Na^+ + Cl^-$

よって，**種類の異なる金属を塩酸や食塩水に入れてあるもの**を選ぶ。濃度はうすくても濃くてもかまわない。

答 イ，オ

3 ボルタ電池

問 うすい塩酸の中に亜鉛板（−極）と銅板（＋極）を組み合わせて電池をつくった。図はこの電池を説明したモデルである。これについて，次の1，2に答えなさい。

1. 図の豆電球の導線を流れる電流の向きと，電子の流れる向きは図中の矢印「右」「左」のどちらか。その組合せとして最も適当なものを，次のア〜エから一つ選んで記号で答えなさい。

	電流の向き	電子の流れる向き
ア	右	右
イ	右	左
ウ	左	右
エ	左	左

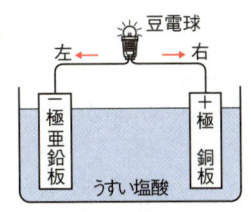

2. 銅板（＋極）の表面で起こる変化として最も適当なものを，次のア〜エから一つ選んで記号で答えなさい。ただし，⊖は電子を表す。

ア．$Cu \longrightarrow Cu^{2+} + ⊖⊖$
イ．$Zn \longrightarrow Zn^{2+} + ⊖⊖$
ウ．$Cu^{2+} + ⊖⊖ \longrightarrow Cu$
エ．$2H^+ + ⊖⊖ \longrightarrow H_2$

（島根県）

---

1. 電池の−極を**負極**といい，＋極を**正極**という。電池を使い始める（→**放電**という）と，−極から＋極に電子が流れる。電流の向きは電子の流れと逆向き，つまり＋極から−極となる。よって，**電流の向きは左，電子の流れる向きは右**となる。

2. この電池を放電すると，−極で亜鉛 Zn が亜鉛イオン Zn^{2+} となって塩酸中に溶け出る。

（−極） 亜鉛 ⟶ 亜鉛イオン ＋ 電子
イオン反応式　$Zn \longrightarrow Zn^{2+} + ⊖⊖$　←受験化学では，$2e^-$ と表す

亜鉛が亜鉛イオンとなって溶け出ると，亜鉛板に残った電子が＋極の銅板に向かって流れ，銅板表面で塩酸中の水素イオン H^+ が流れてきた電子を受けとって水素 H_2 が発生する。

（＋極） 水素イオン ＋ 電子 ⟶ 水素
イオン反応式　$2H^+ + ⊖⊖ (2e^-) \longrightarrow H_2$

答 1．ウ　2．エ

POINT！ 電池のしくみ

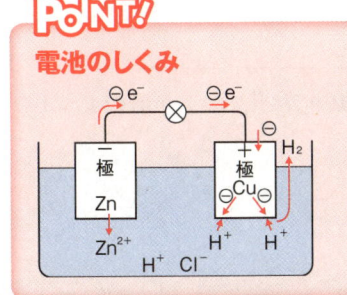

金属板を2種類使って電池をつくると，より左にあるものが−極，より右にあるものが＋極となる

Mg　Al　Zn　Fe　Ni　Cu　Ag

より左にあるものがイオン化しやすいので負極となる

参考 この順序を**イオン化傾向**という。

Step 問題 09 電池

解答▶別冊 p.045

1 電離のようす

【実験】図の回路を用いて，エタノールの水溶液，砂糖水，食塩水に電流が流れるかどうかを，電流計の針のふれから調べた。

問1　実験で，電流が流れた水溶液はどれか。その名前を書け。

問2　実験で，電流が流れた水溶液には，水に溶かすと電離する物質が含まれている。このような物質を何というか。その名称を書け。

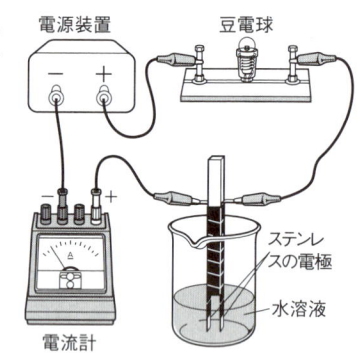

問3　塩化銅水溶液中で，塩化銅の電離のようすを表すイオン式を書け。

（福井県）

2 ボルタ電池

【実験】図のように，亜鉛板と銅板をうすい塩酸に入れ，モーターに接続した。すると亜鉛板は溶け出し，銅板からは気体が発生しながらモーターが回った。

問1　実験で，うすい塩酸の代わりに使ったときにモーターが回るのは，次のどれか。

　ア　水
　イ　砂糖水
　ウ　食塩水
　エ　エタノール水溶液

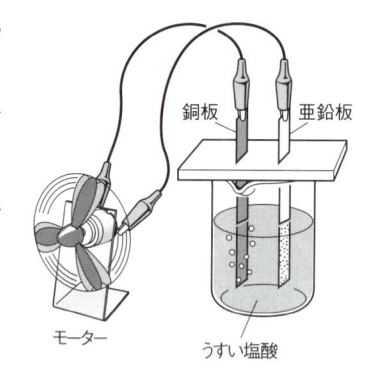

問2　実験について説明した次の文の（　）に適語を入れ，文を完成させよ。

> 亜鉛板と銅板をうすい塩酸の中に入れると，電子が（　　）板からモーターを通って（　　）板へ移動する。銅板から発生する気体は（　　）である。

問3　次の（　）にイオン式を入れ，塩酸中の塩化水素の電離のようすを表せ。

　　$HCl \longrightarrow$ （　　） $+$ （　　）

（長崎県）

3 電池における反応

Sさんは，電池について興味をもち，次の実験を行った。あとの問いに答えなさい。

【実験】 図のように，ビーカーに入れたうすい塩酸に銅板と亜鉛板とを浸して電池をつくり，電子オルゴールに接続したところ，電子オルゴールが鳴り，銅板の表面から気体が発生した。

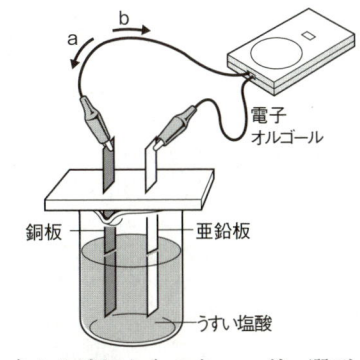

問1 次の文中の〔　〕から適切なものを一つずつ選び，記号を書きなさい。

図において，電子の流れる向きは①〔ア　aの向き　イ　bの向き〕であり，電池の＋極は②〔ウ　銅板　エ　亜鉛板〕である。

問2 次の文は，Sさんが実験についてまとめたレポートの一部である。□ に入れるのに適している式（⑩の式）を，⑧の式で表したように化学式やイオン式などを用いて書きなさい。ただし，⑧の式の中の⊖は電子1個を表している。

電池を電子オルゴールにつなぐと，一方の電極からもう一方の電極へ電子が移動する。電子が移動することにより電子オルゴールが鳴り，銅板表面において水素が発生した。銅板表面における反応は次の式のように表すことができる。

$2H^+ + \ominus\ominus \longrightarrow H_2$　…⑧

また，亜鉛板表面における反応は次の式のように表すことができる。

□　…⑩

（大阪府）

4 さまざまな電池

亜鉛，銅，マグネシウムの3種類の金属板を1枚ずつ用意した。3種類の金属板から異なる2枚を選んで，図のように金属板A，Bとして光電池用モーターにつなぎ，うすい塩酸中に入れたところ，いずれの組合せでもモーターが回った。表は2枚の金属板A，Bの組合せとモーターが回っているときの金属板のようすをまとめたものである。あとの問いに答えなさい。

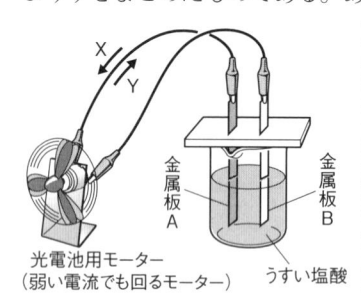

		金属板の組合せ	金属板のようす
①	A	亜鉛	泡を出して金属板が溶けた
	B	銅	表面から気体が発生した
②	A	亜鉛	表面から気体が発生した
	B	マグネシウム	泡を出して金属板が溶けた
③	A	銅	表面から気体が発生した
	B	マグネシウム	泡を出して金属板が溶けた

問1 ①の組合せで，金属板Bで発生した気体を試験管に集め，マッチの火を近づけるとポンと音がして燃えた。金属板Bで発生した気体を化学式で書きなさい。また，この気体と同じものを，次のア〜ウから一つ選び，記号で答えなさい。

　　ア　二酸化マンガンにうすい過酸化水素水を加えたときに発生する気体
　　イ　鉄にうすい塩酸を加えたときに発生する気体
　　ウ　石灰石にうすい塩酸を加えたときに発生する気体

問2 ①の組合せで，金属板Aからは，亜鉛Znが電子を2個失い亜鉛イオンとなって溶け出している。亜鉛イオンのイオン式を書きなさい。

問3 ①の組合せで，ビーカーの中の水溶液を変えて実験を行ってみると，モーターが回る場合と回らない場合があることがわかった。モーターが回る水溶液の例を，塩酸以外に一つ書きなさい。

問4 ①〜③の組合せでは，電流は図のX，Yどちら向きに流れるか。①〜③の組合せについて，それぞれ記号で答えなさい。

問5 次の文は，図の装置でモーターが回っているときのエネルギーの移り変わりを説明したものである。（ a ）〜（ c ）に当てはまる適切な言葉を，下のア〜オから一つずつ選び，それぞれ記号で答えなさい。

> ビーカーの中では，金属板のもつ（ a ）エネルギーが（ b ）エネルギーに移り変わり，モーターでは，（ b ）エネルギーが（ c ）エネルギーへと移り変わっている。

　　ア　位置　　イ　運動　　ウ　化学　　エ　電気　　オ　光　　(富山県)

5 新しい電池

水素と酸素を用いて、水の電気分解とは逆の化学変化を利用する電池は何か。その名前を書け。　　　　　　　　　　　　　　　　　　　　　　　（福井県）

6 木炭電池

図のように、木炭電池を使って電流を流し、しばらく電子オルゴールを鳴らし続けた。これについて、あとの各問いに答えなさい。

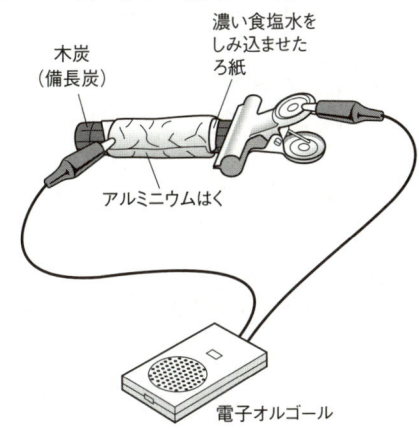

問1　図の電子オルゴールを長時間鳴らし続けた後、アルミニウムはくをはがしてみると、アルミニウムはくは、どのように変化しているか、簡単に書きなさい。

問2　図の電子オルゴールが鳴っているとき、エネルギーはどのように移り変わっているといえるか、最も適当なものを次のア～エから一つ選び、その記号を書きなさい。

　　ア　化学エネルギー　→　熱エネルギー　　→　音エネルギー
　　イ　化学エネルギー　→　電気エネルギー　→　音エネルギー
　　ウ　電気エネルギー　→　化学エネルギー　→　音エネルギー
　　エ　熱エネルギー　　→　電気エネルギー　→　音エネルギー　（三重県）

Step 問題 09 電池

7 木炭電池における反応

右図のように食塩水をしみ込ませたペーパータオルで棒状の木炭を包み，さらにその外側をアルミニウムはくで覆い，木炭とアルミニウムはくに豆電球を結線した。このとき空気中で豆電球が点灯した。これは，木炭とアルミニウムはくの間に<u>電位差が生じ</u>(1)，電池が形成されていることを示している。この電池では，豆電球を点灯し続けると徐々に暗くなったが，<u>アルミニウムはくを新しいものに交換すると再び明るく点灯した</u>(2)。この電池を密閉容器内に入れ，内部を純粋な酸素で満たして一定時間豆電球を点灯させたところ，標準状態に直すと0.56mLの<u>酸素が消費された</u>(3)。

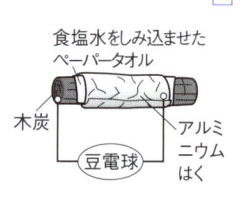

これらのことからこの電池では，アルミニウムはくが [(a)] 極となり，電子は [(b)] から豆電球を通って [(c)] へ流れると考えられる。

問1 下線部(1)の電位差のことを何というか。適当な用語を答えよ。

問2 下線部(2)の事実から，アルミニウムはくではどのような反応が起こっているか。電子 e^- を用いた反応式によって示せ。

問3 下線部(3)における酸素が消費された反応について，次の空欄 [(ア)]，[(ウ)] には係数を含む化学式を，[(イ)] には係数を記入して，反応式を完成させよ。

$$O_2 + \boxed{(ア)} + \boxed{(イ)} e^- \longrightarrow \boxed{(ウ)}$$

問4 [(a)]～[(c)]に最も適する語句を以下から選び，記号で答えよ。
(ア) 正　(イ) 負　(ウ) 陽　(エ) 陰
(オ) アルミニウムはく　(カ) 木炭　(キ) 食塩水
(ク) ペーパータオル

(北海道大)

8 ボルタ電池

問1 電池が放電するときには正極と負極で化学反応が進行する。亜鉛板と銅板と希硫酸から構成されているボルタ電池が放電するときの正極での反応と負極での反応を記せ。

問2 次の文のア～ウに適切な語句を記せ。

ボルタ電池の起電力は約1.1Vである。1V用豆電球をつないでこの電池を放電させると，明るく点灯し，まもなく暗くなる。豆電球を点灯する前と点灯しているときに電池の起電力を [ア] で測定すると，点灯により起電力が低下することがわかる。電池を使用したときに起電力が急速に低下する現象を [イ] という。ボルタ電池で [イ] が起きる原因は正極側にあり，[イ] を防ぐためには正極近傍に適当な [ウ] を加えればよい。

(岡山大)

9 ボルタ電池実験

ボルタ電池の勉強をしたK君は，種類が異なる金属板を電極にして，希硫酸の代わりにオレンジジュースを用いても電流が流れることがあると聞き，どうして電流が流れるのか，実験をして確かめてみました。

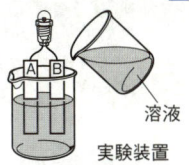

K君は，手元にあった金属板のうち銅板を電極Aとして，トタン板を電極Bとして使うことにしました。次に，低電圧でも点灯し，電極Aから電極Bに電流が流れたときにだけ点灯する電球を用意しました。

そして，電極Aと電極Bを図のようにつなぎ，両方の電極が十分に浸るように溶液を注ぎ込んだときに電球が点灯するかどうか，いくつかの溶液を用いて実験を行いました。

はじめに，溶液としてオレンジジュースを用いて実験を行ったところ，電球が点灯しました。

オレンジジュースには，クエン酸や，スクロース，グルコース，塩化カリウムが溶質として含まれています。これらの成分が関係しているのではないかとK君は考え，それらの成分が等しい濃度で含まれている混合溶液をつくって実験したところ，電球が点灯しました。

このとき電球が点灯したのは，両方の電極で電位差が生じていたためで，この電位差を電池の (ア) といいます。(イ) が電球側から流れ込む電極Aを (ウ) 極，(イ) が流れ出る電極Bを (エ) 極といいます。

また，この実験で電球が点灯する前後で，混合溶液のpHに変化がみられました。

さらに，混合溶液に含まれていたどの成分の場合に電球が点灯するかを調べるため，それぞれの成分だけを溶かした溶液を用いて，それぞれ実験を行いました。すると，溶質として (オ) を用いた溶液を注いだ場合には電球が点灯しましたが，(カ) を用いた場合には点灯しませんでした。

(1) 空欄(ア)～(エ)に当てはまる適切な語句を書け。
(2) 電極Aと電極Bで起こる反応を,それぞれ電子を含むイオン反応式で書け。
(3) 下線部における混合溶液の変化として，最も適切なものの番号を1)～4)より一つ選んで書け。
　　1)酸性の溶液が中性に近づく。　2)酸性の溶液の酸性がより強くなる。
　　3)塩基性の溶液が中性に近づく。　4)中性の溶液が酸性になる。
(4) (オ)，(カ)に当てはまる溶質の組合せとして，適切なものの番号を1)～4)より一つ選んで書け。
　　1)(オ)グルコースやクエン酸　　(カ)塩化カリウムやスクロース
　　2)(オ)クエン酸や塩化カリウム　(カ)スクロースやグルコース
　　3)(オ)塩化カリウムやスクロース　(カ)グルコースやクエン酸
　　4)(オ)スクロースやグルコース　(カ)クエン酸や塩化カリウム

(東京農工大)

Step 10 電気分解

▶中学理科では，電気分解は電池よりも前に学習する単元ですが，受験化学のように電気分解を電池の後で学ぶことで体系的に理解できます。

1 電解質とイオン

問

(1) 最も適当なものを，右の表のア〜エから一つ選んで，その記号を書け。

塩化銅は $\boxed{X}$ であり，塩化銅水溶液の色は $\boxed{Y}$ である。

	X	Y
ア	単体	青色
イ	単体	赤色
ウ	化合物	青色
エ	化合物	赤色

(香川県)

(2) 塩化銅は水に溶けると銅イオンと塩化物イオンに分かれる。このうち塩化物イオンのでき方として正しいものはどれか。
ア．塩素原子が，電子を1個受けとって陽イオンとなる。
イ．塩素原子が，電子を1個受けとって陰イオンとなる。
ウ．塩素原子が，電子を1個失って陽イオンとなる。
エ．塩素原子が，電子を1個失って陰イオンとなる。

(和歌山県)

(1) 1種類の原子からできている物質を単体，2種類以上の原子からできている物質を化合物という。よって，塩化銅 $CuCl_2$ は銅原子 Cu と塩素原子 Cl からなる 化合物 である。また，塩化銅 $CuCl_2$ の水溶液の色は 青色 である。

(2) 塩化銅 $CuCl_2$ のように，水に溶かすと電離する物質を 電解質 という。

電解質 ⟶ 陽イオン ＋ 陰イオン （電離）
塩化銅 ⟶ 銅イオン ＋ 塩化物イオン

イオン反応式 $CuCl_2 \longrightarrow Cu^{2+} + 2Cl^-$

塩化物イオン Cl^- は，塩素原子 Cl が電子 e^- を1個受けとって陰イオンとなったものである。

答 (1) ウ　(2) イ

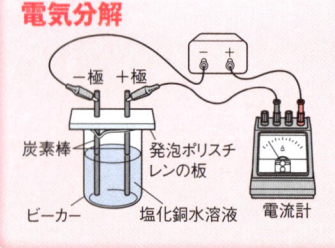

POINT! 電気分解

電気分解では，外部の直流電源（電池）の負極（一極）とつないだ電極を 陰極 （一極），正極（＋極）とつないだ電極を 陽極 （＋極）という。
陰極では電子を受けとる還元反応が起こり，陽極では電子を与える酸化反応が起こる。

2 電気分解の基本

【実験】
①塩化銅水溶液の入ったビーカーに，電極として炭素棒を2本入れ，電圧を加えたところ，電流が流れた。
②しばらくすると，−極側の電極の表面には赤褐色の銅が付着した。+極側の電極の表面には泡がついたことにより，気体が発生したことがわかった。

次の文は，下線部で気体が発生するようすについて説明したものである。（　）の中のa～dの語句について，正しい組合せを，下の1～4から選び，記号で答えなさい。

イオン1個が電子（a. 1個　b. 2個）を（c. 受けとって　d. 失って）原子になり，その原子が2個結びついて分子になり，気体として発生した。

1．aとc　　2．aとd　　3．bとc　　4．bとd

(山口県)

電気分解を開始すると，①〜⑤の順に反応が進むと考えるとよい。
①電池(電源)の負極から電子 e^- が流れてきて，陰極がマイナスに帯電する。
②陰極にプラスの電荷をもつ Cu^{2+} が集まってくる。
③電池(電源)の正極に電子 e^- がすいとられ，陽極がプラスに帯電する。
④陽極にマイナスの電荷をもつ Cl^- が集まってくる。
⑤陰極では Cu^{2+} が電子 e^- を受けとって銅 Cu が析出し，陽極では Cl^- が電子 e^- を放出して塩素 Cl_2 が発生する。

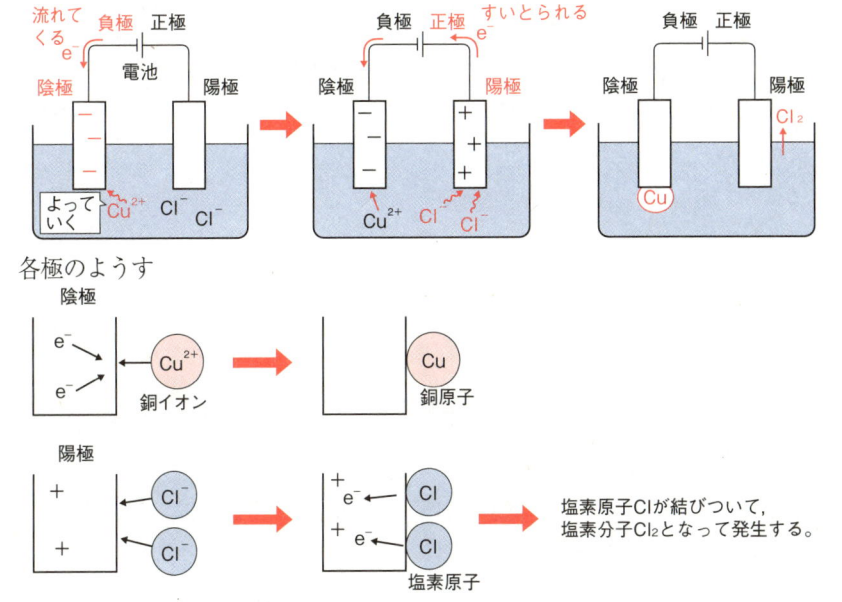

各極のようす

答　2

Step 問題 10 電気分解

解答▶別冊 p.050

1 塩化銅水溶液の電気分解

【実験】水溶液に電流が流れるとき，水溶液中の電極に起こる変化を調べるために，図のように塩化銅水溶液をビーカーに入れて電流を流し，そのときのようすを観察した。

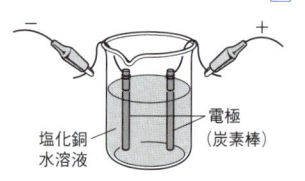

> 実験について，紀子さんは塩化銅水溶液に電流を流したときのようすからわかることを，次のようにまとめた。
>
> 塩化銅水溶液に電流を流すと，一方の電極の表面に赤褐色の物質が付着し，もう一方の電極からは気体が発生した。これらは銅と塩素である。このようなことが起こるのは，塩化銅水溶液中の銅原子と塩素原子が電気を帯びていて，それぞれの電極に移動したからと考えることができる。この電気を帯びた原子をイオンといい，塩化銅水溶液のように電流が流れる水溶液中にはイオンがあるといえる。

(1) 塩化銅水溶液は何色か，次のア～エの中から一つ選んで，その記号を書きなさい。
　　ア　青色　　イ　緑色　　ウ　黄色　　エ　赤紫色

(2) 下線部について，この実験で，塩化銅は銅と塩素に分解した。このときの化学変化を化学反応式で表すとどのようになるか，書きなさい。

(3) 一般に，塩素は水に溶けやすく，この性質から水道水やプールの水などに入れて利用されている。これは，水に溶けやすい性質のほかにどのような性質があるためか，簡潔に書きなさい。

(和歌山県)

2 電気分解計算

【実験】図のように接続した電気分解装置を使い，塩化銅水溶液を電気分解したところ，二つの電極AとBのうち，一方の電極には銅が付着し，もう一方の電極からは塩素が発生した。

問1 実験の電極の説明として正しいものは，次のどれか。
　ア　電極Aは＋(陽)極であり，塩素が発生する。
　イ　電極Aは－(陰)極であり，銅が付着する。
　ウ　電極Bは＋(陽)極であり，銅が付着する。
　エ　電極Bは－(陰)極であり，塩素が発生する。

問2 この電気分解によって0.20gの銅が得られた。このとき電気分解された塩化銅は何gか。ただし，塩化銅には銅と塩素が10：11の質量の比で含まれている。

(長崎県)

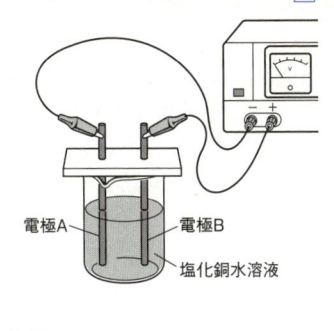

3 塩酸の電気分解

【実験】図のような電気分解装置で，うすい塩酸を電気分解した。

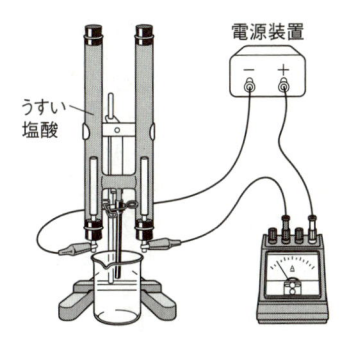

問1 実験において，うすい塩酸を電気分解したときの化学変化を，化学反応式で表しなさい。

問2 次の文について，下の①，②の問いに答えなさい。
　実験では， あ が，＋極で い を1個失って原子となり，それが2個集まって分子となり気体が発生する。

① あ に当てはまるイオン名を書きなさい。また，このイオンの種類は，陽イオンか陰イオンか書きなさい。
② い に当てはまる語を書きなさい。

(茨城県)

Step問題 10　電気分解

4 水酸化ナトリウム水溶液の電気分解

右図は電気分解の装置である。この装置では電極をそれぞれ試験管（ア）および（イ）で囲み，発生する気体を集める。電極は＋極側，－極側ともに炭素棒を使用している。発生した気体は電極と反応せず，水溶液に溶けないものとする。次の問に答えなさい。

まず，電源装置を接続し電流を流したら，水の電気分解が起こった。

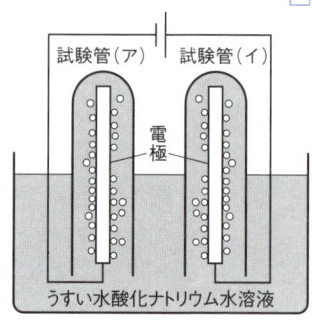

問1　試験管（ア）と試験管（イ）に集まる気体の体積比はどれか。
① 3:1　② 2:1　③ 1:1　④ 1:2　⑤ 1:3

問2　試験管（ア）に集まる気体はどれか。
① 酸素　② 水蒸気　③ 水素　④ ナトリウム
⑤ 二酸化炭素

（東京学芸大学附属高）

5 電気分解のようす

【実験】　電流を流れやすくするために，水に水酸化ナトリウムを加え，図のような装置を用いて電気分解したところ，H字管の電極A側と電極B側にそれぞれ気体が集まった。

問1　電気分解した時間と，電極A側および電極B側のそれぞれで発生した気体の体積との関係をグラフに表した。この実験の結果を表すグラフとして，最も適当なものを，次のア〜オから一つ選び，記号で答えなさい。

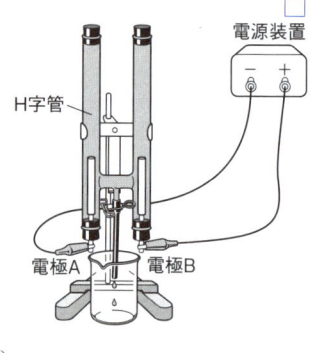

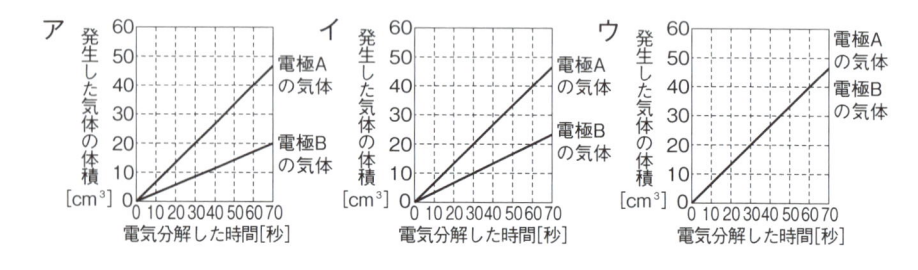

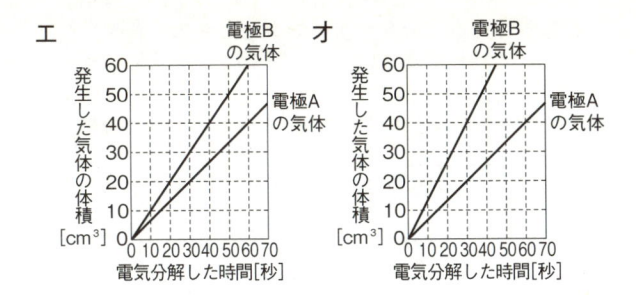

エ・オのグラフ（電極Bの気体・電極Aの気体、発生した気体の体積[cm³]、電気分解した時間[秒]）

問2 次の図は、水の電気分解で起こった化学変化をモデルで表したものである。右辺の□に当てはまるモデルをかきなさい。ただし、水分子をつくっている2種類の原子を○と●で表すものとする。

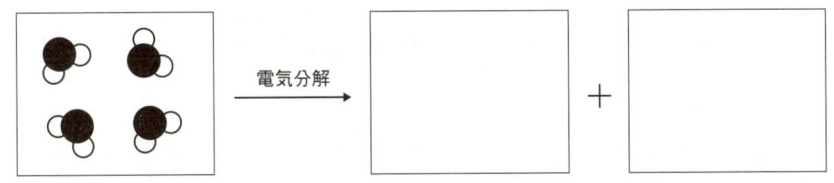

（水分子4個）──電気分解──→ □ + □

問3 水の電気分解において、電極B側で発生した気体を化学式で答えなさい。

（鳥取県）

6 電気分解のまとめ

水、塩酸、塩化銅水溶液を、それぞれ電気分解した。図はそのときのようすを表しており、実験装置A、B、Cの各電極を電源装置につないで、電流をしばらく流した後のものである。次の**問1**～**問3**に答えなさい。

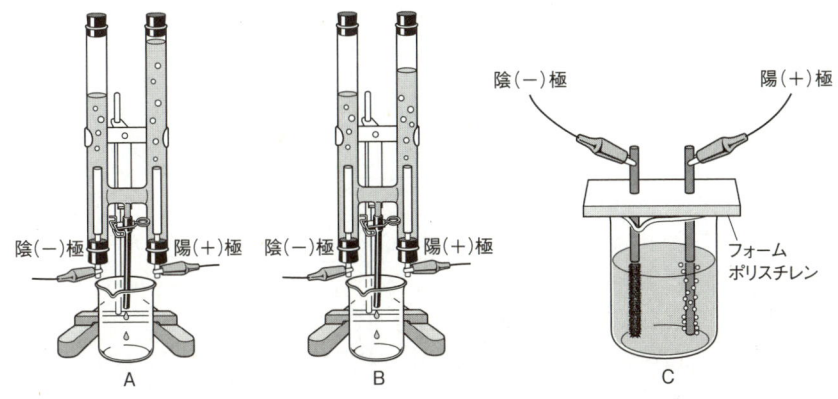

A、B：陰（−）極・陽（＋）極
C：陰（−）極・陽（＋）極、フォームポリスチレン

問1 水、塩酸、塩化銅水溶液のうち、どれか一つはそのままでは電気分解ができないため、うすい水酸化ナトリウム水溶液を加える必要がある。それは水、塩酸、塩化銅水溶液のうちのどれか書きなさい。また、そのままでは電気分解できない理由を簡単に書きなさい。

Step問題 10 電気分解

問2 実験装置A，B，Cで行った電気分解により発生した気体を調べると，3種類の気体X，Y，Zであることがわかった。表1は，各電極と発生した気体についてまとめたものである。

表1

	実験装置A	実験装置B	実験装置C
陰（－）極	X	X	発生しなかった
陽（＋）極	Y	Z	Y

(1) 表1の気体Xは何か。化学式で書きなさい。

(2) 図の実験装置Aに見られる気体Yの集まった量をもとにして考えると，表1の気体Yの性質としていえることは何か，簡単に書きなさい。

(3) 実験装置A，Bで分解した物質はそれぞれ何か。右の表2のア～カから，最も適当な組合せを一つ選び，その記号を書きなさい。

表2

	実験装置A	実験装置B
ア	水	塩酸
イ	塩酸	水
ウ	塩化銅水溶液	塩酸
エ	水	塩化銅水溶液
オ	塩酸	塩化銅水溶液
カ	塩化銅水溶液	水

問3 実験装置Cで行った電気分解を化学反応式で表しなさい。

(山梨県)

7 塩化銅(Ⅱ)水溶液の電気分解

図に示すように，白金電極を用いて塩化銅(Ⅱ)水溶液に，直流電流を600秒間流して電気分解の実験を行った。その結果，陽極には気体が発生し，陰極には固体が析出した。

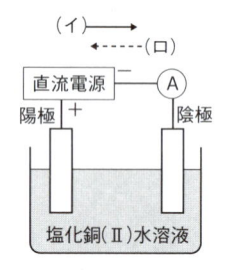

問1 陰極および陽極での反応式を示せ。

問2 図で電子および電流の方向はそれぞれ(イ)，(ロ)どちらか，適切な方向を選べ。

(神戸大)

8 電気分解における反応式

　図のような装置を用いて電気分解を行ったところ，白金電極Aから気体(ア)が，白金電極Bから気体(イ)が，それぞれ発生した。気体(ア)および気体(イ)は，それぞれ純物質であり，反応前後で白金電極に質量変化はなかった。
　捕集した①気体(ア)を水に溶かすと，その一部は水と反応した。一方，②空気中での加熱で表面が黒色になった銅線と気体(イ)を，加熱しながら反応させると，金属銅の光沢が得られた。

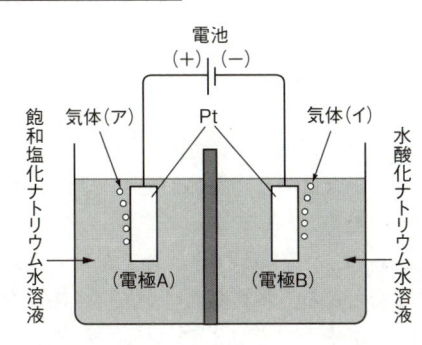

(1) 電極Aおよび電極Bで起こる化学反応を，電子 e^- を含むイオン反応式で記せ。また，両極で起こる反応を合わせた全体の反応の化学反応式を記せ。

(2) 下線部①の反応で生成する化合物の一つは非常に強い酸化力を示す。この化合物の名称を答えよ。

(3) 下線部②の反応を化学反応式で記せ。

(名古屋大)

Step 11 物質の推定

▶今までのStep01～10のまとめになります。

1 物質の推定法

問 5種類の粉末状の物質A～Eがある。これらは，砂糖，食塩，酸化銅，硝酸カリウム，二酸化マンガンのいずれかである。物質A～Eを区別するために，次の観察と実験を行った。

【観察】物質の色を見ると，物質A，Cは黒色であり，物質B，D，Eは白色であった。

【実験Ⅰ】黒色の物質A，Cにそれぞれオキシドール（うすい過酸化水素水）を加えたところ，物質Aの場合は激しく気体が発生したが，物質Cの場合はほとんど気体が発生しなかった。

【実験Ⅱ】白色の物質B，D，Eをそれぞれステンレス皿に少量とり，ガスバーナーの弱火で加熱したところ，物質Bだけが焦げて黒くなった。

【実験Ⅲ】白色の物質D，Eをそれぞれ3gずつビーカーにとり，15℃の水10cm³を入れて，よくかき混ぜて変化のようすを観察した。物質Dの場合はビーカーの底に物質が溶けきらずに残ったので，ろ過した。物質Eの場合は液が透明になり何も残らなかった。次に，ろ過した物質Dの水溶液と，物質Eの水溶液をそれぞれ氷水で冷却したところ，物質Dの水溶液では白い結晶が出てきたが，物質Eの水溶液では結晶が出てこなかった。

物質A～Eはそれぞれ何か答えよ。

（石川県）

それぞれの物質の色は次の通り。

物質	砂糖	食塩	酸化銅	硝酸カリウム	二酸化マンガン
色	白色	白色	黒色	白色	黒色

【観察】の結果，黒色のA，Cは，酸化銅か二酸化マンガンとわかる。

【実験Ⅰ】から，Aにオキシドール（過酸化水素水）を加えると気体が発生したことから，Aは二酸化マンガン MnO_2 とわかり，Cは酸化銅 CuO とわかる。

化学反応式 $2H_2O_2 \longrightarrow 2H_2O + O_2$
オキシドール　　　水　　酸素
二酸化マンガン MnO_2（触媒としてはたらく）

【実験Ⅱ】より，加熱して焦げるのは有機物の砂糖なので，Bが砂糖とわかる。

【実験Ⅲ】より，DはEより温度による溶解度の差が大きいことがわかる。よって，溶解度曲線の傾きが大きい硝酸カリウム KNO_3 がD，傾きの小さな食塩 $NaCl$ がEとわかる。

参考 酸化銅には，黒色の酸化銅（Ⅱ）CuO と赤色の酸化銅（Ⅰ）Cu_2O がある。中学理科では酸化銅（Ⅱ）を単に酸化銅とよぶ。

答 A：二酸化マンガン　B：砂糖　C：酸化銅　D：硝酸カリウム　E：食塩

Step 問題 11 物質の推定
解答 ▶別冊 p.056

1 物質の推定

水溶液A〜Dは，それぞれ，食塩水，うすい塩酸，デンプン溶液（うすいデンプンのり），ブドウ糖溶液のいずれかである。それぞれの水溶液について，実験①〜④の方法で水溶液の性質を調べた。あとの問いに答えなさい。ただし，実験②において，こまごめピペットで加えた1滴の体積はすべて等しいものとする。

【実験①】水溶液A〜Dをそれぞれ$2cm^3$ずつ試験管にとり，緑色のBTB溶液を1滴たらすと，水溶液A，B，Cは緑色のままであり，水溶液Dは黄色になった。

【実験②】実験①で色がついた水溶液A〜Dのそれぞれに，こまごめピペットでうすい水酸化ナトリウム水溶液を1滴ずつ加え，よく振りながら色の変化を調べた。水溶液A，B，Cは1滴加えたところで青色になり，その後，数滴加えても色の変化はなかった。水溶液Dは4滴加えたところで緑色になり，さらに1滴加えると青色になった。

【実験③】水溶液A〜Dを新たにそれぞれ少量ずつ蒸発皿に入れ，加熱したとき，水溶液Aからは白い粒が得られ，水溶液Bと水溶液Cは黒く焦げた。水溶液Dはあとに何も残らなかった。

【実験④】水溶液A〜Dを新たにそれぞれビーカーにとり，図1のように亜鉛板と銅板を入れ，電子オルゴールをつなぐと，水溶液Aと水溶液Dは金属板付近から気体が発生し，電子オルゴールから音が鳴ったが，水溶液Bと水溶液Cは音が鳴らなかった。

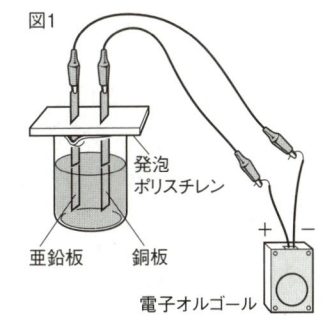

図1　発泡ポリスチレン　亜鉛板　銅板　電子オルゴール

問1 実験の結果から，水溶液Dは何か，書きなさい。

問2 実験②で使用した図2のこまごめピペットの使い方として適切なものを次のア〜エからすべて選び，記号で答えなさい。

　ア　こまごめピペットに液体をとるときは，ゴム球の部分だけをもつようにする。
　イ　こまごめピペットの先は，ものにぶつけないように注意する。
　ウ　こまごめピペットの中に液体が入っているときは，こぼれないように先を上に向ける。
　エ　こまごめピペットから液体を1滴だけ落とすときは，ゴム球の部分を軽くゆっくりと押す。

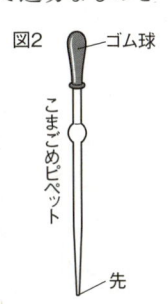

図2　ゴム球　こまごめピペット　先

問3 実験②において，水溶液Dで起こった反応を一般に何というか，書きなさい。また，水溶液Dにうすい水酸化ナトリウム水溶液を1滴ずつ合計5滴加えていったそれぞれの場合について，この反応が起こっていれば○，起こっていなければ×を書きなさい。

問4 実験①～④の結果からは水溶液Bと水溶液Cの区別はできなかったので，両方の水溶液を新たにそれぞれ試験管に少量とり，フェーリング溶液を加えて加熱したところ，水溶液Bだけが赤褐色の沈殿を生じた。水溶液Bは何か，書きなさい。

問5 実験④での水溶液Aと水溶液Dの場合のように，化学変化を利用して電気エネルギーを取り出す装置を何というか，書きなさい。

(富山県)

2 石油の分留

図は，石油（原油）からさまざまな成分を取り出す装置を，模式的に表したものである。次の文の ① ～ ③ に入る適切な語句を書きなさい。

石油（原油）に含まれる物質は，図の装置で， ① の違いを利用して，用途にあった成分ごとに分けられる。この装置の内部には，物質を取り出すための棚がいくつかあり，上の棚ほど温度が ② なっている。自動車の燃料に利用される ③ などの成分は，灯油や軽油などより上の棚から，約30～180℃で液体として取り出される。

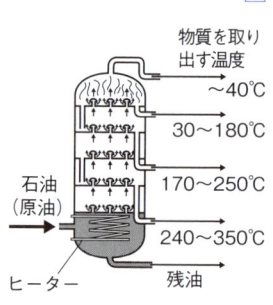

3 有機物

生徒「先生，この間，野外で木炭を燃やして肉や野菜を焼いたのですが，トウモロコシを焼き過ぎて焦がしてしまいました。あの焦げて黒くなったものは何ですか。」

先生「焦げて黒くなった部分の主な成分は炭素です。このことから，トウモロコシは炭素を含んでいることがわかります。なぜ，トウモロコシには炭素が含まれていると思いますか。」

生徒「植物は光合成を行うので，空気中の二酸化炭素を取り入れるからだと思います。」

先生「その通りです。二酸化炭素は，トウモロコシの葉の表皮にある気孔から取り入れられます。この二酸化炭素と，根から吸収され道管を通って葉まで運ばれた水が，光のエネルギーを利用した光合成によって，有機物になり種子に蓄えられます。」

生徒「わかりました。ところで，肉や野菜は，ガスコンロの火で焼くこともありますが，木炭を燃やしたときと，ガスコンロの燃料を燃やしたときとでは，何か違いはあるのでしょうか。」

先生「木炭の成分は炭素，ガスコンロの燃料の成分は有機物ですね。有機物に含まれる A 原子と B 原子が空気中の酸素と化合すると二酸化炭素だけでなく水ができます。」

生徒「それぞれを燃やしたときに発生する物質が違うのですね。」

問　☐ に当てはまる語句を書け。　　　　　　　　　　　　　　（東京都）

4 金属の推定

球形の物体A～Cをつくる金属は，アルミニウム，鉄，銅のいずれかである。A～Cがどの金属でできているかを調べるために，質量と体積を測定した。表1は，質量を電子てんびんで測定した結果であり，表2は，3種類の金属の密度と融点，沸点を示したものである。

表1

物体	質量 [g]
A	44.8
B	13.5
C	39.4

① 球形の物体の体積をメスシリンダーを使って測定するにはどうすればよいか，書きなさい。

② A～Cは，すべて同じ体積であった。A～Cをつくる金属について正しく述べているものは次のどれか，二つ選んで記号を書きなさい。

表2

金属	密度	融点[℃]	沸点[℃]
Al	2.70	660	2520
Fe	7.87	1536	2863
Cu	8.96	1085	2571

密度は，20℃のときの1cm³あたりの質量[g]で表している。
（「理科年表」平成21年から作成）

　　ア　Aはアルミニウム，Bは銅である。
　　イ　Cの金属は，1100℃では液体である。
　　ウ　Bの金属は，2700℃では気体である。
　　エ　AとCの金属を同じ質量で比べたとき，体積はCの金属の方が大きい。

③ 使用済みのアルミニウム缶は，資源の有効利用のため，高温で液体にした後，再び固体に戻してリサイクルされる。このように，物質が温度によって固体や液体に姿を変えることを何というか，書きなさい。

（秋田県）

Step 12 物質のなりたち

▶ここでは，世の中に存在しているさまざまな物質を分類してみることにしましょう。

1 純物質と混合物

問 物質には純粋な物と，それが混ざり合った物があります。前者を「純粋な物質」といい，後者を「混合物」といいます。次のア〜オの物質が「純粋な物質」ならばAと，「混合物」ならばBと答えなさい。
ア．水道水　　イ．ドライアイス　　ウ．過酸化水素水
エ．100%オレンジジュース　　オ．液体窒素

ア．水道水は，純粋な水に塩素などが混ざり合った混合物。
イ．ドライアイスは，純粋な二酸化炭素を冷却して固体としたもの。
ウ．過酸化水素水(オキシドール)は，過酸化水素の水溶液のことなので混合物。
エ．オレンジジュースには，水分や糖などが混ざっているので混合物。
オ．液体窒素は，純粋な窒素を冷却して液体としたもの。

参考 純粋な物質は，高校化学では純物質という。

答 ア：B　イ：A　ウ：B　エ：B　オ：A

2 原子の構造

問 原子の中心には+(プラス)の電気をもつ(a)があり，そのまわりを-(マイナス)の電気をもつ(b)が運動している。(a)は，一般に，+の電気をもつ(c)と，電気をもたない(d)からできている。1個の(c)がもつ+の電気の量と，1個の(b)がもつ-の電気の量は等しい。原子では，(c)の数と(b)の数が等しいので，原子全体は電気を帯びていない。しかし，原子が(b)を失ったりもらったりすると，全体で電気を帯びるようになる。これがイオンである。
(a)〜(d)に当てはまる語句を漢字で答えよ。
(筑波大学附属高)

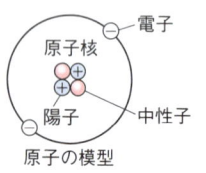

原子の中心には+の電気をもつ 原子核 があり，そのまわりを-の電気をもつ 電子 が運動している。原子核 は，+の電気をもつ 陽子 と電気をもたない 中性子 からなる。

原子の模型：電子／原子核／陽子／中性子

答 a：原子核　b：電子　c：陽子　d：中性子

POINT!

物質 ─┬─ 純物質　　純物質 ─┬─ 単体…1種類の原子(元素)からなる
　　　└─ 混合物　　　　　　　└─ 化合物…2種類以上の原子(元素)からなる

参考 高校化学では，単体や化合物を構成している基本的な成分を原子でなく元素とよぶ。

Step 問題 12 物質のなりたち
解答▶別冊 p.058

1 物質をつくっている粒子
19世紀の初めにドルトンが考えた，物質をつくっている最小の粒子を何というか，書きなさい。
(群馬県)

2 原子の性質
次のア～エのうち，原子の性質について正しく述べているものはどれですか。一つ選び，その記号を書きなさい。
　ア　原子は，種類に関係なく，質量が等しい。
　イ　原子は，種類に関係なく，大きさが等しい。
　ウ　原子は，化学変化によって，それ以上分割することができない。
　エ　原子は，化学変化によって，ほかの種類の原子に変わることができる。
(岩手県)

3 物質のなりたち
鉄や硫黄は1種類の原子からできている物質である。これらの物質のように，1種類の原子からできている物質を何というか，漢字2字で書け。
(京都府)

4 物質のなりたち
塩化銅 $CuCl_2$ のように，2種類以上の原子からできている物質を何というか，書きなさい。
(山口県)

5 化合物中の原子
炭酸水素ナトリウムは $NaHCO_3$ という化学式で表され，ナトリウム原子，水素原子，炭素原子，酸素原子の4種類の原子からできている。これら4種類の原子がたくさん集まって炭酸水素ナトリウムの結晶をつくっているが，一つの炭酸水素ナトリウムの結晶をつくっている原子のうち酸素原子はどのくらいの割合か，その結晶をつくっている原子の個数の合計に対する，酸素原子の個数の割合として，最も適当なものを，次の(ア)～(オ)から一つ選べ。

　(ア) $\dfrac{1}{2}$　　(イ) $\dfrac{1}{3}$　　(ウ) $\dfrac{1}{4}$　　(エ) $\dfrac{1}{5}$　　(オ) $\dfrac{1}{6}$

(京都府)

Step問題 12 物質のなりたち

6 アンモニアのなりたち

アンモニアの分子は2種類の原子からできています。この2種類の原子の名前を書きなさい。 (宮城県)

7 エタノールについて

エタノールは，2種類以上の原子で分子をつくる物質である。次の問いに答えなさい。

(1) エタノールのように，2種類以上の原子でできている物質を何というか，書きなさい。

(2) エタノールと違い，分子をつくらない物質を，次のア～エから一つ選び，記号で答えなさい。

　　ア O_2　　イ CuO　　ウ CO_2　　エ H_2O (山形県)

8 物質の分類

下の表のように，物質を分類した場合，酸化銅はどれに当てはまるか。ア～エから一つ選び，記号で答えなさい。

	分子をつくる物質	分子をつくらない物質
単体	ア	イ
化合物	ウ	エ

(宮崎県)

9 物質の分類と状態変化

先生：授業で学習した _a酸化銅も，化学変化でできたものです。一方，ドライアイスが直接気体になるような変化を，_b状態変化といいましたね。
明子：はい。先生！　ところで，化学変化と状態変化の違いは，物質をつくっている原子が関係しているのですか？
先生：よいところに気がつきましたね。その通りです。原子モデルなどを使って調べてみたら，二つの変化の違いがよくわかると思いますよ。

(1) 下線部aについて，原子モデルで物質のなりたちを表し，それをもとに分類したとき，次のア～エで，酸化銅と同じように分類される物質はどれか。ア～エから最も適切なものを一つ選び，記号で答えなさい。

　　ア　窒素　　イ　塩化ナトリウム　　ウ　水　　エ　銀

(2) 下線部 b について，図Ⅰは，固体のドライアイスのモデルを表すものとする。このモデルのア，イの粒それぞれを，図Ⅱのような原子の円形のモデルで表すとき，気体になったときのア，イの二つの粒は，どのように表すことができるか。粒の並び方の違いがわかるように，図Ⅱを使ってかきなさい。
(宮崎県)

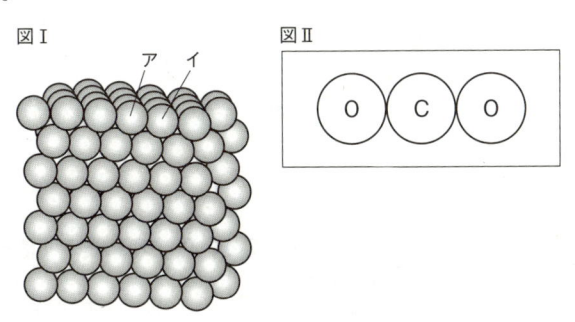

図Ⅰ　図Ⅱ

10 原子の構造

原子は，その中心にある正の電荷をもつ原子核と，原子核をとりまく負の電荷をもつ電子とからできている。原子核は正の電荷をもつ (あ) と，電荷をもたない (い) とからできている。原子核に含まれる (あ) の数を (う) という。原子核に含まれる (あ) の数は，元素ごとに決まっているので，同じ元素の原子は同じ (う) をもつ。

原子核に含まれる (あ) の数と (い) の数の和を (え) という。自然界には，(う) が同じでも，(い) の数が異なる原子がある。しかし，これらの原子は (え) は異なるが電子の数が同じなので，化学的な性質はほとんど同じである。そのため，これらの原子は同じ元素として扱われる。このような原子どうしを，互いに (お) という。

問 (あ) ～ (お) に適切な語句を入れよ。
(横浜国立大)

11 同位体

次の文は，同位体について記述したものである。正しいものをすべて選び，その番号で答えよ。
(1) 同位体とは，陽子の数が同じで質量も同じ原子である。
(2) 同位体とは，陽子の数が同じで質量の異なる原子である。
(3) 同位体とは，中性子の数が異なり，同じ原子番号をもつ原子である。
(4) 同位体とは，中性子の数が同じで，異なる原子番号をもつ原子である。
(愛媛大)

Step 13 単位変換

▶ 単位に注目しながら計算していくことが，化学計算を得意分野にするための第一歩です。

1 単位変換

問 以下の量を［　］内の単位に変換せよ。ただし，3×10^x の型で答えよ。
　　　3m　　［cm］

POINT!
単位変換
1m＝100cm＝10^2cm のように「同じ量を2通りの単位で表せる」とき，

$$\frac{1m}{10^2 cm} \quad \text{または} \quad \frac{10^2 cm}{1m}$$

と表し，どちらか必要な方を選び，単位ごと計算すると単位を変換できる。

POINT！より，m から cm への変換なので，$\frac{10^2 cm}{1m}$ を利用して

$$3m \times \frac{10^2 cm}{1m} = 3 \times 10^2 [cm] \text{ とする。}$$

　　　　　　　m を消去した!!

答　3×10^2 cm

2 /（マイ）

問 質量81.0g，体積30.0cm^3 のアルミニウム Al の密度は何 g/cm^3 か。（小数第2位まで）

g/cm^3 なので g ÷ cm^3 を計算すればよい。

$$81.0g \div 30.0 cm^3 = \frac{81.0g}{30.0 cm^3} = 2.70 [g/cm^3]$$

答　2.70g/cm^3

POINT!
/（マイ）をとらえる
　g/cm^3 のような「/（マイ）」がついている単位を見つけたら，次の①，②を意識しよう。
①質量［g］÷体積［cm^3］という計算で求められる。
②1cm^3 あたりの質量［g］を表している。

Step 問題 13 単位変換

解答▶別冊 p.061

1 単位変換の基本

以下の量を [ ] 内の単位に変換しなさい。ただし，(1)～(3) は 3×10^x の型で，(4) は整数で答えよ。

(1) 長さ 3km [m], [cm]
(2) 質量 3t [kg], [g]
(3) 体積 3m³ [L], [mL]
(4) 時間 3時間 [分], [秒]

2 密度を利用した計算

氷の密度は 0.91g/cm³ とする。
(1) 体積 2.0cm³ の氷の質量 [g] を小数第1位まで求めよ。
(2) 質量 91g の氷の体積 [cm³] を整数で求めよ。

3 音の伝わる速さ

音の伝わる速さを，空気中は 340m/秒，海水中では 1440m/秒として，次の (1)，(2) に答えなさい。ただし，風や海流の影響は考えないものとする。

(1) 海上で静止している船で，海面から海底に向けて音波を発し，反射して返ってくるまでに1秒かかった。このとき海の深さは何mか，求めなさい。
(2) 火山島の海面付近で噴火が起こり，噴火音が海水中と空気中を同時に伝わり始めた。噴火の場所から 7200m 離れた船では，海水中を伝わってきた噴火音がとどいてから，何秒後に空気中を伝わってくる噴火音が聞こえるか，求めなさい。ただし，小数第1位を四捨五入すること。　　　　（石川県）

Step問題 13 単位変換

4 圧力

図1のような正方形の板A,Bを用いて,圧力の実験を行った。図2のように,スポンジの上に板Aと水を400g入れた紙コップを置いたところ,スポンジに圧力が加わり,へこんだ。図3のように,板Bを用いてスポンジに図2と同じ大きさの圧力を加えるためには,紙コップに水を何g入れればよいか,求めなさい。

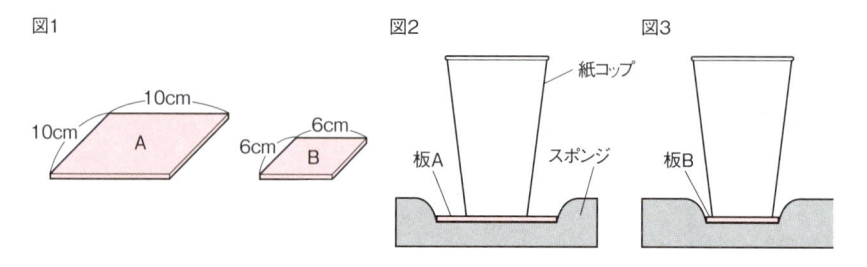

ただし,板A,B,紙コップの質量は考えないものとし,100gの物体にはたらく重力の大きさを1Nとする。

(青森県)

5 反応量計算

問1 水素と酸素が化合して水ができるときの化学変化を表す化学反応式を書け。

問2 水素$60cm^3$と酸素$30cm^3$から,水素と酸素が化合してできる水の質量は何gか。水素と酸素の$100cm^3$あたりの質量を,それぞれ0.008g,0.13gであるとして,小数第4位を四捨五入し,小数第3位まで求めよ。

(愛知県)

6 反応量計算

水素4gに対して酸素32gがちょうど反応して,水素も酸素も完全になくなり,すべて水に変わることがわかった。そこで,水素6gと酸素40gを反応させると,反応後,水のほか,水素,酸素いずれか一方の気体が残った。この残った気体は何か,その名称を書け。また,残った気体の質量を求めよ。

(国立高等専門学校)

7 密度を利用した計算

100℃，1気圧において，液体および気体の水の密度は0.958g/cm³，0.598g/Lである。100℃，1気圧において，気体の水が液体の水になったとき，体積はもとの気体のときの何％になるか。四捨五入により小数第3位まで求めなさい。

(東海高)

8 二酸化炭素排出量

近年，大気中への二酸化炭素の排出(はいしゅつ)を抑えるため，夏はネクタイをはずして冷房の設定温度を高くしたり，冬は厚着をして暖房の設定温度を低くしたりする取り組みが全国的に広がっている。

エアコン1台につき，暖房の設定温度を1℃低く設定することで，1年間に削減できる二酸化炭素の排出量を計算する式を，次の①〜③をもとに立てた。その式として正しいものを，下のア〜エの中から一つ選び，記号を書きなさい。

① エアコン1台につき，暖房の設定温度を1℃低くすると，1時間あたり126kJのエネルギーを削減することができる。
② 1日に9時間，年間169日，暖房を使用する。
③ 3600kJのエネルギーを削減すると，0.39kgの二酸化炭素を削減することができる。

※ 1kJ = 1000J

出典：(財)省エネルギーセンター「ライフスタイルチェック25項目別削減額」

ア $\dfrac{126 \times 9 \times 169 \times 0.39}{3600}$ イ $\dfrac{126 \times 9 \times 3600}{169 \times 0.39}$

ウ $\dfrac{126 \times 0.39}{9 \times 169 \times 3600}$ エ $\dfrac{126 \times 9 \times 169 \times 3600}{0.39}$

(佐賀県)

Step 14 原子量・分子量・式量

▶原子量や分子量は，受験化学を学ぶうえでの入口になります。

1 原子量

問1 銅には $^{63}_{29}$Cu と $^{65}_{29}$Cu の2種の同位体が存在し，その存在比は $^{63}_{29}$Cu 69.2％，$^{65}_{29}$Cu 30.8％である。それぞれの同位体の相対質量を62.9, 64.9とし，銅の原子量を小数第1位まで求めよ。

POINT!

原子量は，平均点を求める要領で計算しよう

化学のテストで，70点の人が3人と80点の人が1人であれば，平均点は

$$\frac{70\times3+80\times1}{3+1} = \frac{70\times3+80\times1}{4} = 72.5 点$$

となる。

1000個の銅 Cu があったとすると，
（1000人の銅 Cu がいたとすると）

相対質量が62.9の $^{63}_{29}$Cu は $1000 \times \dfrac{69.2}{100} = 692$ 個，
（点数が62.9点）　　　　　　　　　　　　　　　　　（692人）

相対質量が64.9の $^{65}_{29}$Cu は $1000 \times \dfrac{30.8}{100} = 308$ 個，
（点数が64.9点）　　　　　　　　　　　　　　　　　（308人）

が存在するので，相対質量の平均つまり原子量は
　　　　　　　　　　（点数）　　　　　（平均点）

$$\frac{62.9\times692+64.9\times308}{692+308} = \frac{62.9\times692+64.9\times308}{1000} \fallingdotseq 63.5$$
　　　　　　　　　　　　　　　　　　　　　　　　　　（63.5点）

と求められる。

最終的には，「原子量は，同位体の存在を考え，その相対質量の平均から求められる」と覚え，次のように計算するとよい。

$$\frac{62.9\times69.2+64.9\times30.8}{69.2+30.8} = 62.9 \times \frac{69.2}{100} + 64.9 \times \frac{30.8}{100} \fallingdotseq 63.5$$

答　63.5

2 分子量・式量

> **問** 二酸化炭素 CO_2 の分子量，塩化ナトリウム $NaCl$ の式量を求めよ。ただし，原子量は $C = 12$，$O = 16$，$Na = 23$，$Cl = 35.5$ とする。

分子量や式量は，それぞれ構成している原子の原子量の合計を計算すれば求められる。

二酸化炭素 CO_2 の分子量：（C の原子量）＋（O の原子量）× 2
$$= 12 + 16 \times 2 = 44$$

塩化ナトリウム $NaCl$ の式量：（Na の原子量）＋（Cl の原子量）
$$= 23 + 35.5 = 58.5$$

⚠ 原子量は，ふつう問題文のはじめや問題文中に与えられている。

答 二酸化炭素 CO_2 の分子量：**44**　　塩化ナトリウム $NaCl$ の式量：**58.5**

POINT!
分子量・式量

分子量…O_2 や H_2O などのように分子を単位とする物質に用いる。
　　　　 例 CO_2，H_2O，H_2，NH_3

式量…イオンやイオンからなる化合物，および金属のように分子を単位としない物質に用いる。
　　　 例 $NaCl$，$NaOH$，CuO，Cu

Step 問題 14 原子量・分子量・式量

解答▶別冊 p.066

1 原子量計算

マグネシウムには三つの同位体 $^{24}_{12}Mg$, $^{25}_{12}Mg$, $^{26}_{12}Mg$ がある。それぞれの相対質量と存在比（%）を，$^{24}_{12}Mg$：24.00，78.99%，$^{25}_{12}Mg$：25.00，10.00%，$^{26}_{12}Mg$：26.00，11.01%とするときマグネシウムの原子量を小数点以下2桁まで求めよ。

(早稲田大)

2 原子量計算と分子の種類

次の文章を読み，文中の空欄 □ に最も適するものをそれぞれの解答群の中から一つ選べ。また，空欄 a に適する語句を漢字で記せ。

原子には，原子番号は同じであるが，中性子の数が異なるものが存在する。このような原子を互いに a という。塩素には，相対質量が34.97と36.97の2種類の a が存在する。その天然存在比（原子数比）は，それぞれ75.77%と24.23%である。その存在比から求めた塩素の原子量は ア となる。また，塩素の単体には，質量の異なる イ 種類の分子が存在する。

ア の解答群
① 35.40　② 35.42　③ 35.45　④ 35.50　⑤ 35.53
⑥ 35.55　⑦ 35.60　⑧ 35.63　⑨ 35.65

イ の解答群
① 1　② 2　③ 3　④ 4　⑤ 5
⑥ 6　⑦ 7　⑧ 8　⑨ 9

(明治大)

3 原子量計算

銅は，^{63}Cu と ^{65}Cu の二つの同位体がある一定の比率で混ざった状態で天然に存在する。天然に存在する ^{63}Cu と ^{65}Cu の存在比（%）を整数で求めよ。ただし，各同位体原子の相対質量はその質量数と同じであるものとし，銅の原子量は63.5とする。

(東京大)

4 式量と分子量

式量ではなく分子量を用いるのが適当なものを解答群の ①〜⑥ のうちから一つ選べ。

① 水酸化ナトリウム　② 黒鉛　③ 硝酸アンモニウム
④ アンモニア　⑤ 酸化アルミニウム　⑥ 金

（センター）

5 分子量の大小関係

分子量の大小関係として正しいものを次の①〜⑧のうちから一つ選べ。ただし，原子量は H = 1.0，F = 19.0，Ne = 20.2，S = 32.1 とする。

① フッ素　＜　フッ化水素　＜　ネオン　＜　硫化水素
② フッ素　＜　フッ化水素　＜　硫化水素　＜　ネオン
③ フッ素　＜　ネオン　＜　硫化水素　＜　フッ化水素
④ フッ化水素　＜　硫化水素　＜　フッ素　＜　ネオン
⑤ フッ化水素　＜　ネオン　＜　硫化水素　＜　フッ素
⑥ ネオン　＜　硫化水素　＜　フッ化水素　＜　フッ素
⑦ ネオン　＜　硫化水素　＜　フッ素　＜　フッ化水素
⑧ ネオン　＜　フッ化水素　＜　硫化水素　＜　フッ素

（東京都市大）

6 分子量

周期表を考えたメンデレーエフは，炭素やケイ素と同族で当時は未発見であった元素の存在を予言し，この原子1個と複数の塩素原子だけからなる化合物の分子量を予想した。その後，この元素が発見されて，塩素との化合物の分子量は215と測定され，予測値とほぼ同じであった。この元素の原子量として最も適当なものを，次の①〜⑤のうちから一つ選べ。ただし，原子量は Cl = 35.5 とする。

① 38　② 73　③ 109　④ 119　⑤ 180

（センター）

Step 15 物質量[mol]

▶物質量[mol]は，化学計算において，重要です。ゆっくり確実に身につけていきましょう。

1 物質量[mol]の感覚をつかむ

問 60000本の鉛筆は，何ダースか。

1ダース＝12本 なので $\dfrac{12本}{1ダース}$ または $\dfrac{1ダース}{12本}$ と表すことができ，

本からダースへの変換なので $\dfrac{1ダース}{12本}$ を利用して

$$60000本 \times \dfrac{1ダース}{12本} = 5000[ダース]$$

となる。

このように，たくさんあるものを数えるときは「ダース」のような「かたまり」で扱うと数えやすくなる。

答 5000ダース

> **POINT!**
>
> **物質量 [mol]**
> 化学の世界では，「かたまり」で扱うときは12本＝1ダースではなく
> 　　6.0×10^{23}個＝1モル[mol]
> を使う。

問 1.2×10^{24}個の銅原子は，何 mol か。

6.0×10^{23}個＝1 mol なので，$\dfrac{1\,\mathrm{mol}}{6.0 \times 10^{23}個}$ を利用して

$$1.2 \times 10^{24}個 \times \dfrac{1\,\mathrm{mol}}{6.0 \times 10^{23}個}$$

$$= \dfrac{12 \times 10^{23}}{6.0 \times 10^{23}}\,\mathrm{mol} \quad \blacktriangleleft 1.2 \times 10^{24} = 12 \times \dfrac{1}{10} \times 10^{24} = 12 \times 10^{-1} \times 10^{24} = 12 \times 10^{23}$$

$$= 2.0\,[\mathrm{mol}]$$

となる。

答 2.0 mol

問2 物質量 [mol]

二酸化炭素 3.0×10^{22} 個に関して，(1) 物質量 [mol]，(2) 質量 [g]，(3) 標準状態における体積 [L] を求めよ。ただし，アボガドロ定数は 6.0×10^{23} /mol，原子量は C = 12，O = 16 とする。

POINT!

molの計算を行うとき，①～③のように書き直す

① 6.0×10^{23} /mol ➡ 6.0×10^{23} 個/mol に
② 原子量，分子量，式量 ➡ 原子量g/mol，分子量g/mol，式量g/mol に
③ 標準状態（0℃，1.013×10^5 Pa）における気体の体積
　➡ **22.4L/mol に**
（どんな種類の気体であっても 22.4L/mol とする）

---

(1) アボガドロ定数 6.0×10^{23} /mol を 6.0×10^{23} 個 / 1mol と書き直す。個から mol への変換なので $\dfrac{1\text{mol}}{6.0 \times 10^{23}\text{個}}$ を利用して

$$3.0 \times 10^{22}\text{個} \times \dfrac{1\text{mol}}{6.0 \times 10^{23}\text{個}} = \dfrac{0.30 \times 10^{23}}{6.0 \times 10^{23}} = 0.050\,[\text{mol}]$$

（$3.0 \times 10^{22} = 0.30 \times 10 \times 10^{22} = 0.30 \times 10^{23}$）

(2) 二酸化炭素 CO_2 の分子量 $12 + 16 \times 2 = 44$ を 44g / 1mol と書き直す。mol から g への変換は，$\dfrac{44\text{g}}{1\text{mol}}$ を利用して

$$0.050\text{mol} \times \dfrac{44\text{g}}{1\text{mol}} = 2.2\,[\text{g}]$$

(3) 標準状態における体積なので，22.4L / 1mol と書く。mol から L への変換は，$\dfrac{22.4\text{L}}{1\text{mol}}$ を利用して

$$0.050\text{mol} \times \dfrac{22.4\text{L}}{1\text{mol}} \fallingdotseq 1.1\,[\text{L}]$$

答　(1) 0.050mol　(2) 2.2g　(3) 1.1L

Step 問題 15 物質量 [mol]

解答 ▶ 別冊 p.068

1 物質量計算

空欄に当てはまる最も適切なものを，それぞれの解答群から選べ。また，原子量は H = 1.00, C = 12.0, N = 14.0, O = 16.0, F = 19.0, Cl = 35.5, Cu = 63.5, アボガドロ定数は 6.02×10^{23}/mol とする。

次の a ～ e の物質の中で，物質量が最も小さいものは ☐ である。
 a 標準状態で11.2L の塩化水素 HCl　　b 標準状態で22.4L の水素 H_2
 c 32.0g のメタノール CH_3OH　　d 26.0g のベンゼン C_6H_6
 e 15.0g の酢酸 CH_3COOH

解答群　① a　② b　③ c　④ d　⑤ e

(近畿大)

2 体積の大小関係

標準状態における体積が最も大きいものを，次の①～⑤のうちから一つ選べ。ただし，原子量は H = 1.0, C = 12, N = 14, O = 16 とする。

① 2.0g の H_2　　② 標準状態で20L の He
③ 88g の CO_2　　④ 28g の N_2 と標準状態で5.6L の O_2 との混合気体
⑤ 2.5mol の CH_4

(センター)

3 物質量計算

次の問いに答えよ。ただし，原子量は H = 1.0, C = 12, O = 16, アボガドロ定数は 6.0×10^{23}/mol となる。

(1) 標準状態で5.6L のメタン (CH_4) ガスの質量 (g) はいくらか。最も適当な数値を (ア) ～ (オ) のうちから一つ選べ。
　　(ア) 0.40　(イ) 0.71　(ウ) 3.2　(エ) 4.0　(オ) 8.0

(2) 水分子1個の質量 (g) はいくらか。最も適当な数値を (ア) ～ (オ) のうちから一つ選べ。
　　(ア) 3.0×10^{-23}　(イ) 6.0×10^{-23}　(ウ) 3.3×10^{-22}
　　(エ) 3.0　(オ) 18

(北海道工業大)

4 密度の大小関係

次の五つの気体を標準状態に保った。密度の大きいものから順番に記号で並べよ。ただし，原子量は $H = 1.0$, $C = 12$, $O = 16$, $Cl = 35.5$, $Ar = 40$ とする。
（ア）二酸化炭素　　（イ）塩素　　（ウ）メタン　　（エ）酸素
（オ）アルゴン
(弘前大)

5 銀原子の個数

銀の密度は $10.5 g/cm^3$ である。体積 $50.0 cm^3$ の銀のかたまりの中に銀原子が何個あるか有効数字3桁で求めよ。ただし，アボガドロ数を 6.02×10^{23}，原子量は $Ag = 108$ とする。
(福井工業大)

6 水素原子の個数

$18.0 g$ の水には何個の水素原子が含まれるか。答は有効数字2桁で示せ。ただし，アボガドロ数を 6.02×10^{23}，原子量は $H = 1.0$, $O = 16.0$ とする。
(東京女子大)

7 原子の個数

$0.50 mol$ のエタノール（C_2H_5OH）は総計何個の原子を含むか。最も適当な数値を（ア）〜（オ）のうちから一つ選べ。ただし，アボガドロ数を 6.0×10^{23} 個とする。
（ア）2.7×10^{23}　　（イ）5.4×10^{23}　　（ウ）2.7×10^{24}
（エ）5.4×10^{24}　　（オ）2.7×10^{25}
(北海道工業大)

8 物質量計算

硫化水素 H_2S の $0.40 mol$ について，水素原子と硫黄原子の物質量，質量，原子数を計算し，単位を付して書け。有効数字2桁で答えよ。ただし，原子量は $H = 1.0$, $S = 32$，アボガドロ数は 6.0×10^{23} とする。
(鹿児島大)

問題 Step 15　物質量[mol]

9 原子の個数

次の (A) から (C) で指定された数を求め，その大きい順に記号を並べよ。ただし，原子量は H = 1.0, O = 16, Na = 23, Cl = 35.5 とする。

- (A) 12.0%食塩水100g中に含まれているナトリウム原子の数
- (B) 水1.80g中に含まれている水素原子の数
- (C) 標準状態で2.50Lの窒素に含まれている窒素原子の数

（芝浦工業大）

15

物質量[mol]

●MEMO

レベル別問題集シリーズ

化学レベル別問題集① 基礎編

発行日 ……… 2012年　5月28日　初版発行
　　　　　　　2015年11月　2日　第4版発行

著　者 …… 橋爪健作
発行者 …… 永瀬昭幸

編集担当 …… 松尾朋美

発行所 …… 株式会社ナガセ
　　　　　〒180-0003　東京都武蔵野市吉祥寺南町1-29-2
　　　　　出版事業部（東進ブックス）
　　　　　TEL：0422-70-7456　FAX：0422-70-7457
　　　　　URL：http://www.toshin.com/books/（東進WEB書店）
　　　　　（本書を含む東進ブックスの最新情報は，東進WEB書店をご覧ください）

装丁 …… 山口勉
編集協力・図版 …… 株式会社一校舎
制作協力 …… 江口英佑・大下和輝・佐々木絵理・向山美紗子・
　　　　　　八坂尚明・山口ちひろ（五十音順）

印刷・製本 …… 日経印刷株式会社

※落丁・乱丁本は着払いにて小社出版事業部宛にお送りください。新本におとりかえいたします。
※本書を無断で複写・複製・転載することを禁じます。

©Kensaku Hashizume 2012 Printed in Japan
ISBN 978-4-89085-539-1 C7343

東進ブックス

この本を読み終えた君に オススメの3冊！

化学 レベル別問題集 2 標準編
最高に詳しい解説の問題集の第2弾！ 丁寧な説明で計算問題も得意になる。問題を解きながら重要事項を理解できる！

化学基礎 一問一答 完全版
試験に「出る」必要な知識を完全収録。入試に直結した問題とポイント解説で、短期間で最大の効果をあげる！

化学 一問一答 完全版
センター試験、国公立・私立大すべての入試に対応。大学入試に「出る」計算問題・用語問題がこの1冊に！

体験授業

この本を書いた講師の授業を受けてみませんか？

東進では有名実力講師陣の授業を無料で体験できる『体験授業』を行っています。「わかる」授業、「完璧に」理解できるシステム、そして最後まで「頑張れる」雰囲気を実際に体験してください。

※1講座(90分×1回)を受講できます。
※お電話でご予約ください。
　連絡先は付録9ページをご覧ください。
※お友達同士でも受講できます。

橋爪先生の主な担当講座　※2015年度
「スタンダード化学」 など

東進の合格の秘訣が次ページに

合格の秘訣 1 全国屈指の実力講師陣

ベストセラー著者のなんと7割が東進の講師陣!!

2015年 新登場!

東進ハイスクール・東進衛星予備校では、そうそうたる講師陣が君を熱く指導する!

本気で実力をつけたいと思うなら、やはり根本から理解させてくれる一流講師の授業を受けることが大切です。東進の講師は、日本全国から選りすぐられた大学受験のプロフェッショナル。何万人もの受験生を志望校合格へ導いてきたエキスパート達です。

西 きょうじ 先生 [英語]
28年間で20万人以上の受験生に支持されてきた知的刺激溢れる講義をご期待ください。

英語

安河内 哲也 先生 [英語]
数えきれないほどの受験生の偏差値を改造、難関大へ送り込む!

今井 宏 先生 [英語] 
予備校界のカリスマ講師。君に驚きと満足、そして合格を与えてくれる

福崎 伍郎 先生 [英語] 
その鮮やかすぎる解法で受講生の圧倒的な支持を集める超実力講師!

渡辺 勝彦 先生 [英語] 
「スーパー速読法」で、難解な英文も一発で理解させる超実力講師!

大岩 秀樹 先生 [英語] 
情熱と若さあふれる授業で、知らず知らずのうちに英語が得意教科に!

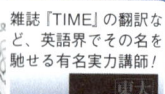

宮崎 尊 先生 [英語] 
雑誌『TIME』の翻訳など、英語界でその名を馳せる有名実力講師!

数学

志田 晶 先生 [数学] 
数学科実力講師は、わかりやすさを徹底的に追求する

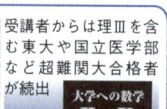

長岡 恭史 先生 [数学] 
受講者からは理Ⅲを含む東大や国立医学部など超難関大合格者が続出

沖田 一希 先生 [数学] 
短期間で数学力を徹底的に養成。知識を統一・体系化する!

付録 1

WEBで体験

東進ドットコムで授業を体験できます！
実力講師陣の詳しい紹介や、各教科の学習アドバイスも読めます。
www.toshin.com/teacher/

国語

板野 博行 先生 [現代文・古文]
「わかる」国語は君のやる気を生み出す特効薬

出口 汪 先生 [現代文] 
ミスター驚異の現代文。数々のベストセラー著者としても超有名！

吉野 敬介 先生 [古文] ＜客員講師＞
予備校界の超大物が東進に登場。ドラマチックで熱い講義を体験せよ

富井 健二 先生 [古文]
ビジュアル解説で古文を簡単明快に解き明かす実力講師

三羽 邦美 先生 [古文・漢文] 
縦横無尽な知識に裏打ちされた立体的な授業に、グングン引き込まれる！

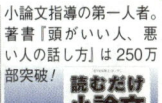

樋口 裕一 先生 [小論文] ＜客員講師＞
小論文指導の第一人者。著書『頭がいい人、悪い人の話し方』は250万部突破！

理科

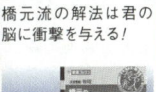

橋元 淳一郎 先生 [物理]
橋元流の解法は君の脳に衝撃を与える！

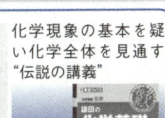

鎌田 真彰 先生 [化学]
化学現象の基本を疑い化学全体を見通す"伝説の講義"

田部 眞哉 先生 [生物]
全国の受験生が絶賛するその授業は、わかりやすさそのもの！

地歴公民

荒巻 豊志 先生 [世界史]
"受験世界史に荒巻あり"と言われる超実力人気講師

金谷 俊一郎 先生 [日本史] 
入試頻出事項に的を絞った「表解板書」は圧倒的な信頼を得る！

野島 博之 先生 [日本史] 
歴史の必然性に迫る授業で"日本史に野島あり"と評される実力講師！

村瀬 哲史 先生 [地理]
「そうだったのか！」と気づき理解できる。考えることがおもしろくなってくる授業

清水 雅博 先生 [公民]
全国の政経受験者が絶賛のベストセラー講師！

付録 2

合格の秘訣2 革新的な学習システム

東進には、第一志望合格に必要なすべての要素を満たし、抜群の合格実績を生み出す学習システムがあります。

ITを駆使した最先端の勉強法
高速学習

一人ひとりのレベル・目標にぴったりの授業

東進はすべての授業を映像化しています。その数およそ1万種類。これらの授業を個別に受講できるので、一人ひとりのレベル・目標に合った学習が可能です。1.5倍速受講ができるほか自宅のパソコンからも受講できるので、今までにない効率的な学習が実現します。
（一部1.4倍速の授業もあります。）

1年分の授業を最短2週間から3カ月で受講

従来の予備校は、毎週1回の授業。一方、東進の高速学習なら毎日受講することができます。だから、1年分の授業も最短2週間から3カ月程度で修了可能。先取り学習や苦手科目の克服、勉強と部活との両立も実現できます。

現役合格者の声

東京大学 文科一類
稲澤 智子さん

1年間の留学から帰国後、あと1年に迫った受験に向けて高2の12月に東進に入学。毎日閉館時間まで学習し、未習だった世界史を高速学習で一気に進めることができました。

先取りカリキュラム（数学の例）

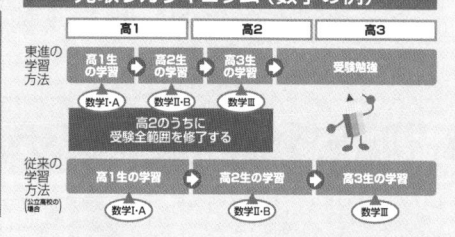

	高1	高2	高3
東進の学習方法	高1生の学習（数学I・A）	高2生の学習（数学II・B）	高3生の学習（数学III） → 受験勉強
		高2のうちに受験全範囲を修了する	
従来の学習方法（公立高校の場合）	高1生の学習（数学I・A）	高2生の学習（数学II・B）	高3生の学習（数学III）

目標まで一歩ずつ確実に
スモールステップ・パーフェクトマスター

自分にぴったりのレベルから学べる
習ったことを確実に身につける

高校入門から超東大までの12段階から自分に合ったレベルを選ぶことが可能です。「簡単すぎる」「難しすぎる」といった無駄がなく、志望校へ最短距離で進みます。
授業後すぐにテストを行い内容が身についたかを確認し、合格したら次の授業に進むので、わからない部分を残すことはありません。短期集中で徹底理解をくり返し、学力を高めます。

現役合格者の声

慶應義塾大学 商学部
島田 聖くん

毎回の授業後にある確認テストと、講座の総まとめの講座修了判定テストのおかげで、授業ごとに復習する習慣が身につきました。毎回満点を目標にしていたので、授業内容をしっかり理解することができました。

パーフェクトマスターのしくみ

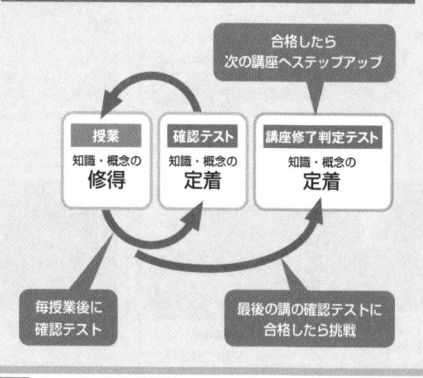

授業（知識・概念の修得）→ 確認テスト（知識・概念の定着）→ 講座修了判定テスト（知識・概念の定着）→ 合格したら次の講座へステップアップ

毎授業後に確認テスト
最後の講の確認テストに合格したら挑戦

個別説明会

全国の東進ハイスクール・東進衛星予備校の各校舎にて実施しています。
※お問い合わせ先は、付録9ページをご覧ください。

徹底的に学力の土台を固める
高速基礎マスター講座

高速基礎マスター講座は「知識」と「トレーニング」の両面から、科学的かつ効率的に短期間で基礎学力を徹底的に身につけるための講座です。文法事項や重要事項を単元別・分野別にひとつずつ完成させていくことができます。インターネットを介してオンラインで利用できるため、校舎だけでなく、自宅のパソコンやスマートフォンアプリで学習することも可能です。

東進公式スマートフォンアプリ
■ 東進式マスター登場！
（英単語／英熟語／英文法／基本例文）

スマートフォンアプリですき間時間も徹底活用！

1）スモールステップ・パーフェクトマスター！
頻出度（重要度）の高い英単語から始め、1つのSTEP（計100語）を完全修得すると次のSTEPに進めるようになります。

2）自分の英単語力が一目でわかる！
トップ画面に「修得語数・修得率」をメーター表示。自分が今何語修得しているのか、どこを優先的に学習すべきなのか一目でわかります。

3）「覚えていない単語」だけを集中攻略できる！
未修得の単語、または「My単語（自分でチェック登録した単語）」だけをテストする出題設定が可能です。
すでに覚えている単語を何度も学習するような無駄を省き、効率良く単語力を高めることができます。

「新・英単語センター1800」

現役合格者の声
東京工業大学 第4類
川野 鉄平くん

英語は苦手でしたが、「高速基礎マスター講座」の英文法まで完全修得した後に模試の点数が50点UP。完全修得後も毎日続けたことで、夏の時点でセンター試験本番の目標点数を取ることができました。

君を熱誠指導でリードする
担任指導

志望校合格のために
君の力を最大限に引き出す

定期的な面談を通じた「熱誠指導」で、生徒一人ひとりのモチベーションを高め、維持するとともに志望校合格までリードする存在、それが東進の「担任」です。

現役合格者の声
早稲田大学 法学部
安岡 里那さん

担任の先生は、志望校にとても詳しく、受験勉強をどう進めればいいか具体的にアドバイスをしてくれました。受験期間には担任助手の先生が頻繁に声をかけてくださったことがとても力になりました。

合格の秘訣3 東進ドットコム

ここでしか見られない受験と教育の情報が満載!
大学受験のポータルサイト

www.toshin.com

東進公式Twitter @Toshincom
東進公式Facebook www.facebook.com/ToshinHighSchool

スマートフォン版も充実!

東進ブックスのインターネット書店
東進WEB書店

ベストセラー参考書から夢ふくらむ人生の参考書まで

学習参考書から語学・一般書までベストセラー＆ロングセラーの書籍情報がもりだくさん! あなたの「学び」をバックアップするインターネット書店です。検索機能もグンと充実。さらに、一部書籍では立ち読みも可能。探し求める1冊に、きっと出会えます。

付録 5

スマートフォンからもご覧いただけます

東進ドットコムは
スマートフォンから簡単アクセス！

最新の入試に対応!!
大学案内

**偏差値でも検索できる。
検索機能充実！**

東進ドットコムの「大学案内」では最新の入試に対応した情報を様々な角度から検索できます。学生の声、入試問題分析、大学校歌など、他では見られない情報が満載！登録は無料です。
また、東進ブックスの『新大学受験案内』では、厳選した185大学を詳しく解説。大学案内とあわせて活用してください。

Web　Book
難易度ランキング　50音検索

172大学・最大20年分以上の過去問を無料で閲覧
大学入試過去問データベース

**君が目指す大学の過去問を
すばやく検索、じっくり研究！**

東進ドットコムの「大学入試問題 過去問データベース」は、志望校の過去問をすばやく検索し、じっくり研究することが可能。172大学の過去問をダウンロードすることができます。センター試験の過去問も20年分以上掲載しています。登録・利用は無料です。志望校対策の「最強の教材」である過去問をフル活用することができます。

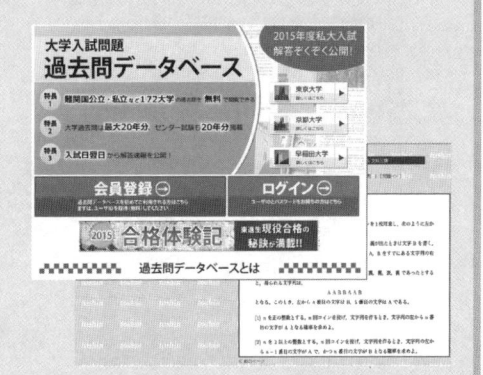

学生特派員からの
先輩レポート

**東進OB・OGが生の大学情報を
リアルタイムに提供！**

東進から難関大学に合格した先輩が、ブログ形式で大学の情報を提供します。大勢の学生特派員によって、学生の目線で伝えられる大学情報が次々とアップデートされていきます。受験を終えたからこそわかるアドバイスも！受験勉強のモチベーションUPに役立つこと間違いなしです。

合格の秘訣4 東進模試

申込受付中
※お問い合わせ先は付録9ページをご覧ください。

学力を伸ばす模試

「自分の学力を知ること」が受験勉強の第一歩

「絶対評価」×「相対評価」のハイブリッド分析
志望校合格までの距離に加え、「受験者集団における順位」および「志望校合否判定」を知ることができます。

入試の『本番レベル』
「合格までにあと何点必要か」がわかる。
早期に本番レベルを知ることができます。

最短7日のスピード返却
成績表を、最短で実施7日後に返却。
次の目標に向けた復習はバッチリです。

合格指導解説授業
模試受験後に合格指導解説授業を実施。
重要ポイントが手に取るようにわかります。

- 模試受験中に学力を伸ばす!
- 合格までの距離を知り、計画を立てる!
- 学習効果を検証、勉強法を改善する!

全国統一高校生テスト 高3生 高2生 高1生 年1回

全国統一中学生テスト 中3生 中2生 中1生 年1回

東進模試 ラインアップ　2015年度

模試名	対象	回数
センター試験本番レベル模試	受験生 高2生 高1生 ※高1は難関大志望者	年5回
高校生レベル（マーク・記述）模試	高2生 高1生 ※第1〜3回…マーク、第4回…記述	年4回
東大本番レベル模試	受験生	年3回
京大本番レベル模試	受験生	年3回
北大本番レベル模試	受験生	年2回
東北大本番レベル模試	受験生	年2回
名大本番レベル模試	受験生	年2回
阪大本番レベル模試	受験生	年2回
九大本番レベル模試	受験生	年2回
難関大本番レベル記述模試	受験生	年5回
有名大本番レベル記述模試	受験生	年5回
大学合格基礎力判定テスト	受験生 高2生 高1生	年4回
センター試験同日体験受験	高2生 高1生	年1回
東大入試同日体験受験	高2生 高1生 ※高1は意欲ある東大志望者	年1回

※センター試験本番レベル模試とのドッキング判定
※最終回がセンター試験後の受験となる模試は、センター試験自己採点とのドッキング判定となります。

東進で勉強したいが、近くに校舎がない君は…

東進ハイスクール在宅受講コースへ

「遠くて東進の校舎に通えない……」。そんな君も大丈夫! 在宅受講コースなら自宅のパソコンを使って勉強できます。ご希望の方には、在宅受講コースのパンフレットをお送りいたします。お電話にてご連絡ください。
学習・進路相談も随時可能です。

2015年も難関大・有名大 ゾクゾク現役合格
現役合格実績 NO.1

現役のみ！講習生含みます！最終学年高3在籍者のみ！

※現役合格実績を公表している全国すべての塾・予備校の中で、表記の難関大合格実績実績の合計が最大です。東進の合格実績には、高卒生や講習生、公開模試生を含みません。(他の大手予備校とは基準が異なります)

2015年3月31日締切

ついに700名突破！ 東大現役合格者の2.9人に1人が東進生

東進生現役占有率 35.0%

東大 現役合格者 728名（昨対 +60名）

- 文I … 122名
- 文II … 113名
- 文III … 86名
- 理I … 243名
- 理II … 122名
- 理III … 42名

今年の東大合格者（前後期合計）は現浪合わせて3,108名。そのうち、現役合格者は2,075名。東大の現役合格者は728名ですので、東大現役合格者における東進生の占有率は35.0%となります。現役合格者の2.9人に1人が東進生です。合格者の皆さん、おめでとうございます。

現役合格 旧七帝大＋四大学連合 2,947名 昨対 +251名

旧七帝大
- 東京大 … 728名
- 京都大 … 298名
- 北海道大 … 256名
- 東北大 … 194名
- 名古屋大 … 272名
- 大阪大 … 446名
- 九州大 … 314名

四大学連合
- 東京医科歯科大 … 50名
- 東京工業大 … 114名
- 一橋大 … 157名
- 東京外国語大 … 118名

現役合格 国公立医・医 581名 昨対 +38名

- 東京大 … 42名
- 京都大 … 22名
- 北海道大 … 8名
- 東北大 … 12名
- 名古屋大 … 9名
- 大阪大 … 18名
- 九州大 … 11名
- 札幌医科大 … 14名
- 旭川医科大 … 15名
- 弘前大 … 7名
- 秋田大 … 8名
- 福島県立医大 … 13名
- 筑波大 … 20名
- 群馬大 … 7名
- 千葉大 … 18名
- 東京医科歯科大 … 22名
- 横浜市立大 … 7名
- 新潟大 … 10名
- 金沢大 … 14名
- 福井大 … 11名
- 岐阜大 … 14名
- 浜松医科大 … 15名
- 三重大 … 22名
- 滋賀医科大 … 9名
- 大阪市立大 … 6名
- 神戸大 … 17名
- 岡山大 … 9名
- 広島大 … 7名
- 山口大 … 12名
- 徳島大 … 14名
- 愛媛大 … 19名
- 佐賀大 … 19名
- 長崎大 … 19名
- 熊本大 … 8名
- 大分大 … 7名
- 宮崎大 … 9名
- 琉球大 … 13名
- その他国公立医・医 … 86名

現役合格 早慶上 5,703名 昨対 +513名
- 早稲田大 … 3,079名
- 上智大 … 1,061名
- 慶應義塾大 … 1,563名

現役合格 理明青立法中 14,086名 昨対 +1,568名
- 東京理科大 … 1,640名
- 明治大 … 3,788名
- 青山学院大 … 1,684名
- 立教大 … 1,986名
- 法政大 … 2,893名
- 中央大 … 2,095名

現役合格 関関同立 10,514名 昨対 +1,317名
- 関西学院大 … 2,015名
- 関西大 … 2,527名
- 同志社大 … 2,296名
- 立命館大 … 3,676名

現役合格 私立医・医 407名 ※防衛医科大学校を含む
- 慶應義塾大 … 33名
- 順天堂大 … 44名
- 昭和大 … 30名
- 東京慈恵会医科大 … 30名
- 防衛医科大学校 … 48名
- その他私立医・医 … 222名

現役合格 全国主要国公立大

- 北海道教育大 … 92名
- 旭川医大 … 23名
- 北見工業大 … 37名
- 小樽商科大 … 48名
- 弘前大 … 77名
- 岩手大 … 53名
- 宮城大 … 19名
- 秋田大 … 50名
- 国際教養大 … 33名
- 山形大 … 93名
- 福島大 … 65名
- 筑波大 … 240名
- 茨城大 … 158名
- 宇都宮大 … 60名
- 群馬大 … 68名
- 高崎経済大 … 92名
- 埼玉大 … 139名
- 埼玉県立大 … 39名
- 千葉大 … 316名
- 首都大学東京 … 260名
- お茶の水女子大 … 54名
- 電気通信大 … 65名
- 東京学芸大 … 113名
- 東京工業大 … 72名
- 東京海洋大 … 36名
- 横浜国立 … 305名
- 横浜市立大 … 147名
- 新潟大 … 211名
- 富山大 … 145名
- 金沢大 … 170名
- 福井大 … 65名
- 山梨大 … 67名
- 都留文科大 … 51名
- 信州大 … 152名
- 岐阜大 … 139名
- 静岡大 … 206名
- 静岡県立大 … 79名
- 浜松医科大 … 21名
- 愛知教育大 … 130名
- 名古屋工業大 … 106名
- 名古屋市立大 … 135名
- 三重大 … 181名
- 滋賀大 … 105名
- 滋賀県立大 … 14名
- 京都教育大 … 27名
- 京都府立大 … 41名
- 京都工繊維大 … 53名
- 大阪市立大 … 211名
- 大阪府立大 … 180名
- 大阪教育大 … 114名
- 神戸大 … 412名
- 神戸市外国語大 … 65名
- 兵庫県立大 … 28名
- 奈良女子大 … 46名
- 奈良教育大 … 19名
- 和歌山大 … 80名
- 鳥取大 … 90名
- 島根大 … 72名
- 岡山大 … 238名
- 広島大 … 260名
- 山口大 … 236名
- 徳島大 … 127名
- 香川大 … 98名
- 愛媛大 … 169名
- 高知大 … 56名
- 北九州市立大 … 124名
- 九州工業大 … 113名
- 福岡教育大 … 68名
- 佐賀大 … 120名
- 長崎大 … 142名
- 熊本大 … 188名
- 大分大 … 73名
- 宮崎大 … 63名
- 鹿児島大 … 106名
- 琉球大 … 103名

※東進調べ

ウェブサイトでもっと詳しく ➡ 東進 🔍 検索

付録 8

各大学の合格実績は、東進ハイスクールと東進衛星予備校の合同実績です。

東進へのお問い合わせ・資料請求は
東進ドットコム www.toshin.com
もしくは下記のフリーダイヤルへ！

ハッキリ言って合格実績が自慢です！ 大学受験なら、
東進ハイスクール　0120-104-555（トーシン ゴーゴーゴー）

●東京都

[中央地区]
- 市ヶ谷校　0120-104-205
- 新宿エルタワー校　0120-104-121
- ★新宿校大学受験本科　0120-104-020
- 高田馬場校　0120-104-770
- 人形町校　0120-104-075

[城北地区]
- 赤羽校　0120-104-293
- 本郷三丁目校　0120-104-068
- 茗荷谷校　0120-738-104

[城東地区]
- 綾瀬校　0120-104-762
- 金町校　0120-452-104
- ★北千住校　0120-693-104
- 錦糸町校　0120-104-249
- 豊洲校　0120-104-282
- 西新井校　0120-266-104
- 西葛西校　0120-104-289
- 門前仲町校　0120-104-016

[城西地区]
- 池袋校　0120-104-062
- 大泉学園校　0120-104-862
- 荻窪校　0120-687-104
- 高円寺校　0120-104-627
- 石神井校　0120-104-159
- 巣鴨校　0120-104-780
- 成増校　0120-028-104
- 練馬校　0120-104-643

[城南地区]
- 大井町校　0120-575-104
- 蒲田校　0120-265-104
- 五反田校　0120-672-104
- 三軒茶屋校　0120-104-739
- 渋谷駅西口校　0120-389-104
- 下北沢校　0120-104-672
- 自由が丘校　0120-964-104
- 成城学園駅北口校　0120-104-616
- 千歳烏山校　0120-104-331
- 都立大学駅前校　0120-275-104

[東京都下]
- 吉祥寺校　0120-104-775
- 国立校　0120-104-599
- 国分寺校　0120-622-104
- 立川駅北口校　0120-104-662
- 田無校　0120-104-272
- 調布校　0120-104-305
- 八王子校　0120-896-104
- 東久留米校　0120-565-104
- 府中校　0120-104-676
- ★町田校　0120-104-507
- 武蔵小金井校　0120-480-104
- 武蔵境校　0120-104-769

●神奈川県
- 青葉台校　0120-104-947
- 厚木校　0120-104-716
- 川崎校　0120-226-104
- 湘南台東口校　0120-104-706
- 新百合ヶ丘校　0120-104-182
- センター南駅前校　0120-104-722
- たまプラーザ校　0120-104-445
- 鶴見校　0120-876-104
- 平塚校　0120-104-742
- 藤沢校　0120-104-549
- 向ヶ丘遊園校　0120-104-757
- 武蔵小杉校　0120-165-104
- ★横浜校　0120-104-473

●埼玉県
- 浦和校　0120-104-561
- 大宮校　0120-104-858
- 春日部校　0120-104-508
- 川口校　0120-917-104
- 川越校　0120-104-538
- 小手指校　0120-104-759
- 志木校　0120-104-202
- せんげん台校　0120-104-388
- 草加校　0120-104-690
- 所沢校　0120-104-594
- ★南浦和校　0120-104-573
- 与野校　0120-104-755

●千葉県
- 我孫子校　0120-104-253
- 市川駅前校　0120-104-381
- 稲毛海岸校　0120-104-575
- 海浜幕張校　0120-104-926
- ★柏校　0120-104-353
- 北習志野校　0120-344-104
- 新浦安校　0120-556-104
- 新松戸校　0120-104-354
- ★千葉校　0120-104-564
- ★津田沼校　0120-104-724
- 土気校　0120-104-584
- 成田駅前校　0120-104-346
- 船橋校　0120-104-514
- 松戸校　0120-104-257
- 南柏校　0120-104-439
- 八千代台校　0120-104-863

●茨城県
- つくば校　0120-403-104
- 土浦校　0120-059-104
- 取手校　0120-104-328

●静岡県
- ★静岡校　0120-104-585

●長野県
- 長野校　0120-104-586

●奈良県
- JR奈良駅前校　0120-104-746
- ★奈良校　0120-104-597

★は高卒本科(高卒生)設置校
※は高卒専用校舎
※変更の可能性があります。最新情報はウェブサイトで確認できます。

全国914校、10万人の高校生が通う、
東進衛星予備校　0120-104-531（トーシン ゴーサイン）

東進ドットコムでお近くの校舎を検索！

資料請求もできます

「東進衛星予備校」の「校舎案内」をクリック 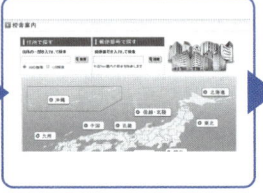 → エリア・都道府県を選択 → 校舎一覧が確認できます

近くに東進の校舎がない高校生のための
東進ハイスクール在宅受講コース　0120-531-104（ゴーサイン トーシン）

※2015年3月末現在

Chemistry
化学 レベル別問題集 基礎編
Level.1

解答編

Step			
01	実験器具の使い方	002	01
02	気体の性質と発生	006	02
03	物質の状態変化	013	03
04	水溶液・溶解度	018	04
05	化学変化のきまり	022	05
06	酸性・アルカリ性（塩基性）の物質	029	06
07	酸化と還元	035	07
08	熱分解	040	08
09	電池	045	09
10	電気分解	050	10
11	物質の推定	056	11
12	物質のなりたち	058	12
13	単位変換	061	13
14	原子量・分子量・式量	066	14
15	物質量 [mol]	068	15

化学レベル別問題集
① 基礎編

解答編

CONTENTS

Step 01 実験器具の使い方

問題▶本冊 p.010

1 答 (ア)→カ→エ→オ→イ→ウ

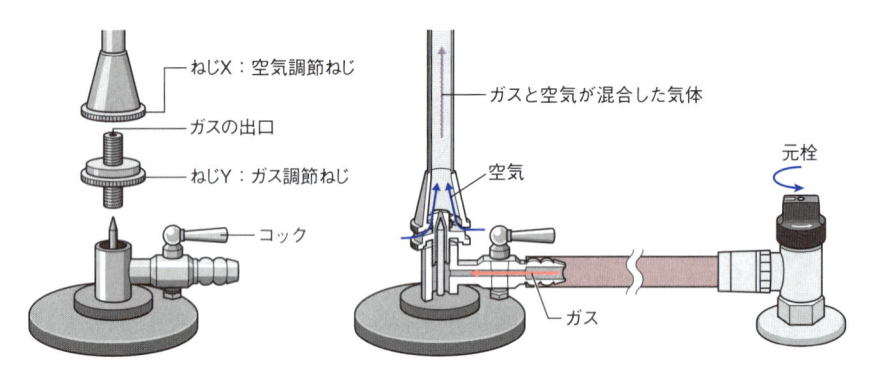

[点火の操作手順]
(1) 上下二つのねじが閉まっていることを確認する。(→ア)
(2) 元栓を開き，コックを開ける。(→カ)
(3) マッチに火をつける。(→エ)
(4) ガス調節ねじ(ねじY)を少しずつ開ける。(→オ)
(5) ガスに点火する。(→イ)
(6) ガス調節ねじ(ねじY)を動かさないで，空気調節ねじ(ねじX)だけを少しずつ開けて空気を入れ，炎の色が無色〜青色になるようにする。(→ウ)

参考 消火の操作手順は，基本的に点火の手順の逆になる。
(1) ガス調節ねじ(ねじY)を押さえながら，空気調節ねじ(ねじX)を閉める。
(2) ガス調節ねじ(ねじY)を閉めて消火する。
(3) 元栓を閉める。

2 答 (1) メスシリンダー (2) ア

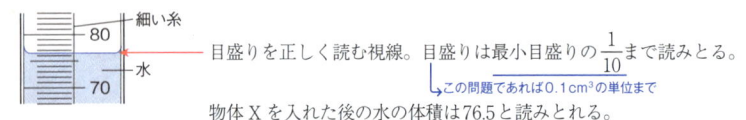

(1) 器具の名称は暗記しよう。
(2) 目盛りを正しく読む視線。目盛りは最小目盛りの $\frac{1}{10}$ まで読みとる。
↳この問題であれば0.1cm³の単位まで

物体Xを入れた後の水の体積は76.5と読みとれる。

よって，物体Xの体積は，

$$\underset{\text{水と物体X}}{76.5\text{cm}^3} - \underset{\text{水}}{67.0\text{cm}^3} = 9.5\,[\text{cm}^3]$$

3 答 カ

下がっている液面の中央の位置を真横から読む。

4 答 (i) ろ過　(ii) ウ

(i)・(ii)　液体の中の沈殿物は**ろ過**という操作によって，分離することができる。ろ過のポイントは，次の二つ。

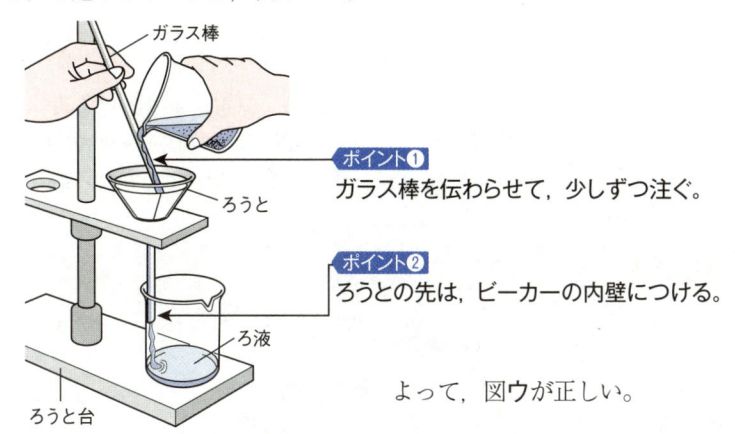

ポイント❶ ガラス棒を伝わらせて，少しずつ注ぐ。

ポイント❷ ろうとの先は，ビーカーの内壁につける。

よって，図**ウ**が正しい。

5 答 ①

ガラス棒を使い（チェック1），ガラス棒の先はろ紙に軽くあて（チェック2），ろうとの先がビーカーの内壁についているもの（チェック3）を選ぶ。

6 答 ウ

混ざった溶液から**沸点の違いを利用**して，それぞれの成分に分ける方法を**蒸留**という。

参考　2種類以上の沸点の異なる液体を蒸留によって分離することを，特に**分留**という。

7 答 (1) 蒸留（分留）
(2) 突然の沸騰を防ぐため。

(1) エタノールの沸点は78℃で水の沸点である100℃よりも低いため，水とエタノールの混合液を蒸留（分留）すると，はじめに出てくる気体はエタノールを多く含んでいる。
(2) 沸騰石は，突沸（突発的な沸騰）を防ぐために入れる。

8 答 (1) イ　(2) A：ウ　B：ア　C：イ　D：オ　E：カ　(3) イ

(1) 沸点の違う2種類以上の液体の混合物を蒸留により分ける方法を特に分留という。海水は液体どうしの混合物ではないので，ウの分留は選ばない。
(2)・(3) 高校化学でよく使われる蒸留の装置なので，ガラス器具の名称と実験の注意点を覚えておこう。

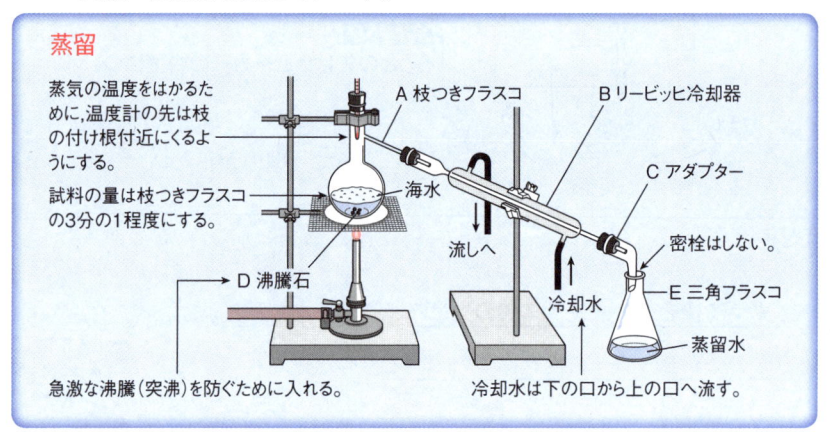

蒸留

- 蒸気の温度をはかるために，温度計の先は枝の付け根付近にくるようにする。
- 試料の量は枝つきフラスコの3分の1程度にする。
- A 枝つきフラスコ
- B リービッヒ冷却器
- C アダプター
- D 沸騰石　急激な沸騰（突沸）を防ぐために入れる。
- E 三角フラスコ
- 密栓はしない。
- 冷却水は下の口から上の口へ流す。
- 海水 / 蒸留水

9 答 (A) 上方置換（法）　(B) 下方置換（法）　(C) 水上置換（法）

水に溶けやすいかどうか，空気より密度が大きいかどうかを考えて，気体の集め方を決める。
　水に溶けにくい気体は，捕集法(C) 水上置換（法）で集める。
　水に溶けやすく，空気より密度が小さい（軽い）気体は，捕集法(A) 上方置換（法）で，水に溶けやすく，空気より密度が大きい（重い）気体は，捕集法(B) 下方置換（法）で集める。

⑩ 答

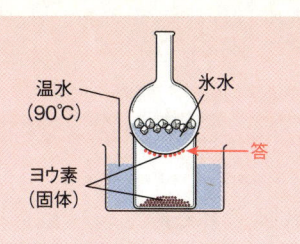

(図:温水(90℃)、氷水、ヨウ素(固体)、答)

　うがい薬に使われるヨウ素には，その固体を加熱すると，液体にならずに直接気体になる（➡ **昇華**という）性質がある。よって，温水によってあたためられたヨウ素は昇華し紫色の気体となり，氷水の入ったフラスコの底で冷やされ黒紫色の純粋な結晶としてフラスコの底に付着する。

Step 02 気体の性質と発生

問題▶本冊 p.017

1 答 溶け, 下がり

アンモニア NH_3 は, 水に非常によく溶けることを覚えておこう。

この実験では, スポイトを使って入れた水にアンモニアが溶けてフラスコ内の圧力が下がるため, フェノールフタレインの水溶液がフラスコ内に吸い上げられる。また, この水溶液が赤色に変色しているのは, アンモニア水がアルカリ性(塩基性)を示すことで無色のフェノールフタレインの水溶液が赤色に変色するためである。

⚠ 高校化学では, アルカリ性を塩基性と表記することが多い。

2 答 (1) 1.2g (2) ①二酸化炭素 ②2 (3) ①イ ②ウ

(1) $\underbrace{555.2g}_{\text{栓を開ける前}} - \underbrace{554.0g}_{\text{栓を開けた後}} = \underbrace{1.2[g]}_{\text{出てきた気体}}$

(2) 水 H_2O に二酸化炭素 CO_2 を溶かした水溶液が炭酸水(H_2CO_3 または $H_2O + CO_2$ と表す)で, この炭酸水に味つけをしたものが炭酸飲料水である。出てきた気体は, 石灰水に通じると白くにごるので, 二酸化炭素とわかる。

モデル	化学式
○●	CO_2

二酸化炭素は2種類の原子(炭素原子Cと酸素原子O)からできている

となる。

(3) 二酸化炭素 CO_2 を水 H_2O に通してできる炭酸水は**弱い酸性を示す**ので, BTB溶液を**黄色**に変色する。

⚠ BTB(ブロモチモールブルー)溶液は, 酸性では黄色, 中性では緑色, アルカリ性では青色になる。

3 答
問1 窒素
問2 無色から赤色
問3 つくり方：ウ　集め方：水上置換(法)
問4 A, D

問1　実験1より，ろうそくの火が消えたことから気体Aは水素H_2や酸素O_2ではない。また，石灰水が白くにごらないことから二酸化炭素CO_2でもない。残ったアンモニアNH_3と窒素N_2のうち，表から気体Aは水に溶けにくいとあるので，窒素N_2となる。

問2　表と実験2より，気体Bは水に非常に溶けやすく，フェノールフタレイン溶液を変色することから，アンモニアNH_3とわかる。このとき，溶液の色は無色から赤色に変化する。

問3　表より，気体Dは水に溶けにくく他の気体よりも非常に軽い(空気との質量比0.07)ため，水素H_2となる。水素H_2は，亜鉛Znに塩酸HClを加えて発生させることができる。また，水素H_2は水に溶けにくい気体なので，水上置換(法)で集める。

亜鉛 + 塩酸 ⟶ 塩化亜鉛 + 水素
化学反応式　$Zn + 2HCl \longrightarrow ZnCl_2 + H_2$

ちなみに，アでは酸素O_2，イでは二酸化炭素CO_2，エではアンモニアNH_3が発生し，反応式は次のようになる。

ア　過酸化水素水（オキシドール）⟶ 水 + 酸素
化学反応式　$2H_2O_2 \longrightarrow 2H_2O + O_2$

⚠ 二酸化マンガンMnO_2は触媒。触媒は，ふつう反応式中に書かない。

イ　石灰石（炭酸カルシウム）+ 塩酸 ⟶ 塩化カルシウム + 水 + 二酸化炭素
化学反応式　$CaCO_3 + 2HCl \longrightarrow CaCl_2 + H_2O + CO_2$

エ　塩化アンモニウム + 水酸化カルシウム ⟶ 塩化カルシウム + 水 + アンモニア
化学反応式　$2NH_4Cl + Ca(OH)_2 \longrightarrow CaCl_2 + 2H_2O + 2NH_3$

問4　気体A〜Dの中で，沸点が−190℃より低いものを選べばよい。

［補足］問1〜問3より，気体A：窒素N_2，気体B：アンモニアNH_3，気体D：水素H_2となる。実験3から，点火すると気体Dの水素H_2と爆発的に反応するので，気体C：酸素O_2とわかる。

水素 + 酸素 ⟶ 水
化学反応式　$2H_2 + O_2 \longrightarrow 2H_2O$

残った気体Eは二酸化炭素CO_2となる。

4 答

問1 用語：上方置換（法）
　　　 理由：集める気体が水に溶けやすく，空気より軽いため。
問2 アンモニア
問3 イ

この実験では，アンモニア NH_3 が発生する。

　　　塩化アンモニウム ＋ 水酸化カルシウム
　　　　　　　⟶ アンモニア ＋ 水 ＋ 塩化カルシウム

化学反応式 $2NH_4Cl + Ca(OH)_2 \longrightarrow 2NH_3 + 2H_2O + CaCl_2$

問1・2 アンモニア NH_3 は，水に溶けやすく，空気よりも軽いため，上方置換（法）で集める。
問3 アンモニア NH_3 は，刺激臭があり，その水溶液はアルカリ性を示すため，赤色リトマス紙を青色に変色する。

⚠ 青色リトマス紙が赤色に変色する➡酸性，赤色リトマス紙が青色に変色する➡アルカリ性。

5 答

(1) 水素　　(2) Mg^{2+}

マグネシウム Mg は塩酸 HCl と反応して，水素 H_2 を発生する。このとき，マグネシウム原子 Mg はマグネシウムイオン Mg^{2+} に変化している。

　　マグネシウム ＋ 塩酸 ⟶ 塩化マグネシウム ＋ 水素
化学反応式 $Mg + 2HCl \longrightarrow MgCl_2 + H_2$

⚠ 塩化マグネシウム $MgCl_2$ は，うすい塩酸中で陽イオンであるマグネシウムイオン Mg^{2+} と陰イオンである塩化物イオン Cl^- に分かれる（➡電離という）。

イオン反応式 $MgCl_2 \longrightarrow Mg^{2+} + 2Cl^-$
　　　　　　塩化マグネシウム　マグネシウムイオン　塩化物イオン

イオン

　物質を構成している極めて小さな粒子である原子は，その中心にある＋の電荷をもつ原子核とそれをとりまく－の電荷をもつ電子からなる。

　さらに，原子核は，＋の電荷をもつ陽子と電荷をもたない中性子からできている。

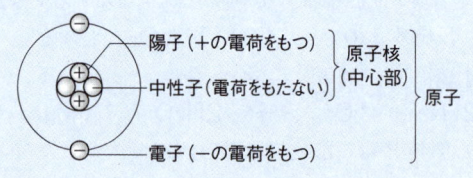

　　　　　陽子（＋の電荷をもつ）　｜原子核
　　　　　中性子（電荷をもたない）｜（中心部）　｜原子
　　　　　電子（－の電荷をもつ）

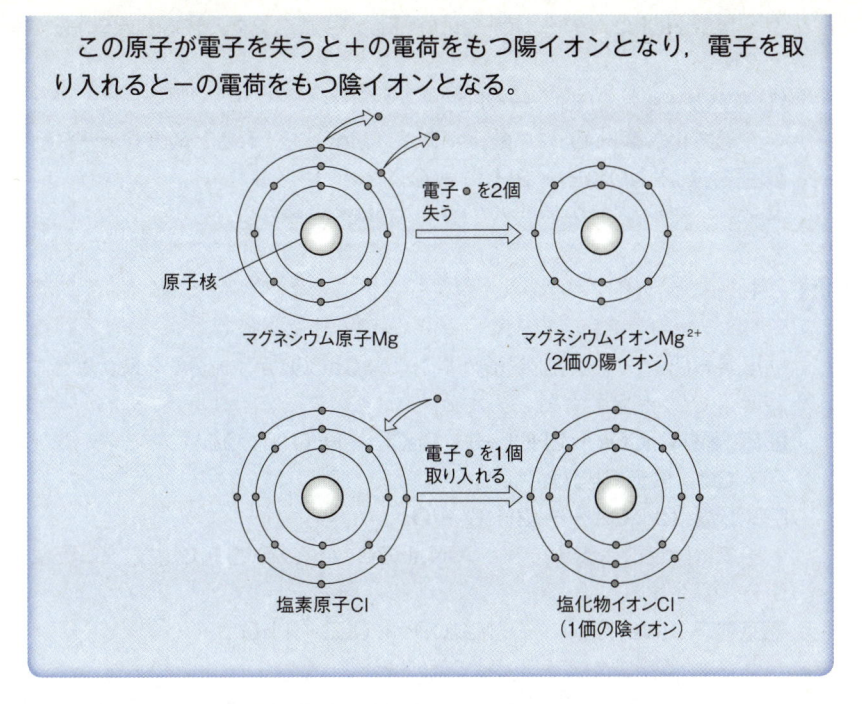

この原子が電子を失うと＋の電荷をもつ陽イオンとなり，電子を取り入れると－の電荷をもつ陰イオンとなる。

原子核
マグネシウム原子Mg　電子●を2個失う　マグネシウムイオンMg^{2+}（2価の陽イオン）

塩素原子Cl　電子●を1個取り入れる　塩化物イオンCl^-（1価の陰イオン）

6 答　H_2

塩酸 HCl や希硫酸 H_2SO_4 とマグネシウム Mg，鉄 Fe，亜鉛 Zn は反応し水素 H_2 を発生するが，銅 Cu や銀 Ag は反応しない。

そのため，銅 Cu の粉末とマグネシウム Mg の粉末を混ぜ合わせた試料に十分な量の塩酸 HCl を加えると，マグネシウム Mg だけが水素 H_2 を発生しながらすべて溶ける。

|マグネシウム| + |塩酸| ⟶ |塩化マグネシウム| + |水素|

化学反応式　Mg　　＋ 2HCl ⟶　　$MgCl_2$　　＋ H_2

参考　高校化学では，「イオン化傾向」というものを暗記することで，塩酸や希硫酸と反応し水素 H_2 を発生する金属を判断できるようになる。

7 答　ア

ア　砂糖は有機化合物（→炭素 C や水素 H などからなる化合物のこと）なので，燃やすと二酸化炭素 CO_2 と水 H_2O ができる。

イ　酸化銀 Ag_2O を加熱すると，銀 Ag と酸素 O_2 に分解する。

化学反応式　$2Ag_2O \xrightarrow{加熱} 4Ag + O_2$

ウ　塩酸 HCl にスチールウール（鉄 Fe が主成分）を入れると水素 H_2 が発生する。

化学反応式 $Fe + 2HCl \longrightarrow FeCl_2 + H_2$

　エ　過酸化水素 H_2O_2 に二酸化マンガン MnO_2 を入れると酸素 O_2 が発生する。

化学反応式 $2H_2O_2 \longrightarrow 2H_2O + O_2$

⚠ MnO_2 は，反応を速くするために使われる触媒。触媒は，ふつう反応式中には書かない。

8 答　イ，エ

　塩酸 HCl に，石灰石（炭酸カルシウム $CaCO_3$ が主成分）を入れると，二酸化炭素 CO_2 が発生する。

化学反応式 $CaCO_3 + 2HCl \longrightarrow CaCl_2 + H_2O + CO_2$

　アでは，酸素 O_2 が発生する。

化学反応式 $2H_2O_2 \longrightarrow 2H_2O + O_2$

　イでは，炭酸水素ナトリウム $NaHCO_3$ が熱分解を起こして，二酸化炭素 CO_2 が発生する。

化学反応式 $2NaHCO_3 \xrightarrow{加熱} Na_2CO_3 + CO_2 + H_2O$

　ウでは，酸化鉄ができるだけで気体は発生しない。
　エでは，有機化合物であるエタノール C_2H_5OH が燃焼して，二酸化炭素 CO_2 と水 H_2O が生成する。
　よって，二酸化炭素 CO_2 が発生する反応は，イとエ。

9 答
問1　最初に出てくる気体には，空気が混ざっているから。
問2　水に溶けやすく，空気より軽い性質。
問3　ウ
問4　(a) 消える。　　(b) ア，エ，カ

　①では二酸化炭素 CO_2，②では酸素 O_2，③では水素 H_2，④ではアンモニア NH_3 が発生する。
　　　　↳気体A　　　　　　↳気体B　　　　　↳気体C　　　　↳気体D

問2　アンモニアは上方置換(法)で捕集する。
問3　気体Aは二酸化炭素なので酸性を示す。よって，リトマス紙の色の変化は青→㋻赤，赤→㋼赤となる。また，気体Dはアンモニアなのでアルカリ性を示す。よって，リトマス紙の変化は青→㋽青，赤→㋾青となる。
問4　気体Aは二酸化炭素。
(a)　二酸化炭素は，物質を燃やすはたらきをもたない。
(b)　アで発生する発泡入浴剤の泡は，二酸化炭素 CO_2 である。

イでは水素 H_2，ウではアンモニア NH_3 が発生する。
　エでは，ベーキングパウダー（炭酸水素ナトリウム $NaHCO_3$ が主成分）に食酢（酢酸 CH_3COOH を含む）を加えると二酸化炭素 CO_2 が発生する。

化学反応式 $CH_3COOH + NaHCO_3 \longrightarrow CH_3COONa + H_2O + CO_2$

　オでは，酸素 O_2 が発生する。ジャガイモにはカタラーゼという酵素が含まれていて，このカタラーゼが二酸化マンガン MnO_2 と同じように触媒としてはたらき，オキシドール（うすい過酸化水素水 H_2O_2）から酸素 O_2 が発生する。

化学反応式 $2H_2O_2 \longrightarrow 2H_2O + O_2$

　カでは貝がらや卵の殻には炭酸カルシウム $CaCO_3$ が含まれているので，塩酸 HCl を加えると，二酸化炭素 CO_2 が発生する。

化学反応式 $CaCO_3 + 2HCl \longrightarrow CaCl_2 + H_2O + CO_2$

10 答
水素：(c)　　硫化水素：(e)　　塩化水素：(a)
二酸化硫黄：(g)　　塩素：(d)

　(b)は，一酸化窒素 NO の特徴。空気に触れると赤褐色の二酸化窒素 NO_2 に変化する。

化学反応式 $2NO + O_2 \longrightarrow 2NO_2$
　　　　　　　無色　空気中の酸素　　赤褐色

　(f)は，二酸化窒素 NO_2 の特徴。
　硫化水素 H_2S は腐った卵のにおいをもち，塩化水素 HCl を水に溶かした塩酸は強酸であり，二酸化硫黄 SO_2 は硫酸 H_2SO_4 の工業的な原料となる。また，塩素 Cl_2 は黄緑色である。

11 答 ⑤

- (a)（正しい）酸化マンガン(IV)は二酸化マンガン MnO_2 のこと。酸素 O_2 が発生する。酸素は水に溶けにくいので，水上置換で捕集する。
- (b)（正しい）水素 H_2 が発生する。水素は水に溶けにくいので，水上置換で捕集する。
- (c)（誤　り）二酸化炭素 CO_2 が発生する。二酸化炭素は水に溶け，空気よりも重いので，**下方置換**で捕集する。
- (d)（誤　り）アンモニア NH_3 が発生する。アンモニアは水に溶け，空気よりも軽いので，上方置換で捕集する。ただし，濃硫酸は乾燥剤として使われるが酸性の物質であり，アルカリ性のアンモニアと反応してしまう。そのため，濃硫酸をアンモニアの乾燥に使う

ことはできない。

参考 酸素 O_2 や水素 H_2 は水に溶けにくく酸性やアルカリ性を示さない中性の気体で，二酸化炭素 CO_2 は水にわずかに溶け弱酸性を示す酸性の気体，アンモニア NH_3 は水によく溶け弱いアルカリ性を示すアルカリ性の気体。

気体の乾燥法は，大学入試でよく問われるため，知っておこう。
〈発生させた気体の乾燥法〉
乾燥させる気体と乾燥剤が反応するのを防ぐように，乾燥剤を選ぶことが必要。

	乾燥剤	乾燥可能な気体	乾燥に不適当な気体	
酸性	シリカゲル	中性または酸性の気体	NH_3	アルカリ性の気体なので酸性の乾燥剤と反応してしまう
	十酸化四リン P_4O_{10}		NH_3	
	濃硫酸 H_2SO_4		NH_3 および H_2S	還元剤なので酸化剤の濃硫酸 H_2SO_4 と反応してしまう
中性	塩化カルシウム $CaCl_2$	ほとんどの気体	NH_3	$CaCl_2 \cdot 8NH_3$ となってしまう
塩基性	酸化カルシウム CaO ソーダ石灰 $CaO + NaOH$	中性またはアルカリ性の気体	酸性の気体	アルカリ性の乾燥剤と反応してしまう

Step 03 物質の状態変化

問題 ▶ 本冊 p.026

1 答 (1) 液体から気体　(2) 変わらない。

温度により物質の状態（固体・液体・気体）が変化することを**状態変化**という。

固体 ⇄(加熱/冷却) 液体 ⇄(加熱/冷却) 気体
　　　　　　加熱/冷却

(1) 袋の中のエタノールは熱い湯の熱で液体から気体に状態変化した。
(2) 物質の状態が変化しても，質量は変わらない。

2 答
問1　沸点
問2　a：状態変化　b：大気圧
問3　(1) 化合物　(2) イ

問1 液体から気体への変化を**蒸発**といい，液体が気体に変化するとき（液体が沸騰するとき）の温度を**沸点**という。

問2 気体が冷え液体となることで，ペットボトルの中の圧力が低くなり大気圧(b)による力によってペットボトルがつぶれる。

参考

空のペットボトル → 液体のエタノール1cm³を入れる → ふたを開けたまま90℃のお湯に入れる（エタノール1cm³）→ 空気が逃げる → 3分後 → エタノールの蒸気で満たされる（ここではエタノールの蒸気の圧力は大気圧と等しい。）→ ふたをする → ビーカーから取り出す

→ まわりの空気によって冷やされ，エタノールが液化する（大気圧）（ビーカーから取り出した瞬間はエタノールの蒸気の圧力は大気圧と等しい。）→ 大気圧（エタノールが液化することで蒸気のエタノールが減少し，蒸気の圧力が低下する。）→ 大気圧によってペットボトルがつぶれる → 大気圧

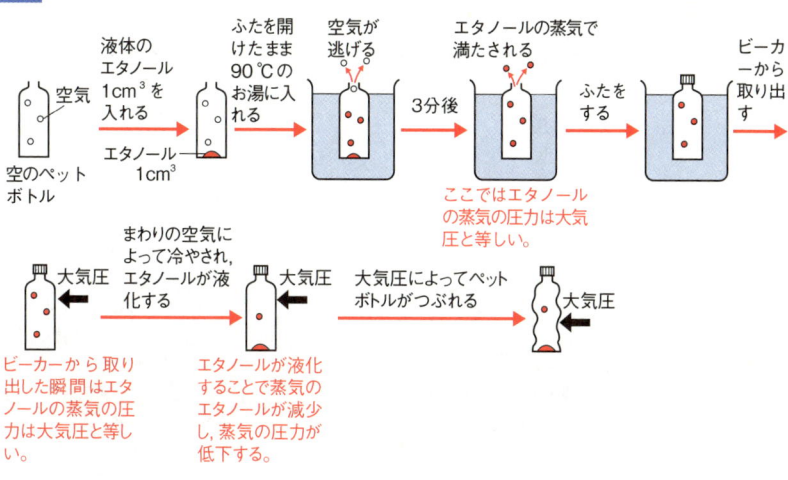

問3(1) 化合物：元素記号を2種類以上使って表現できるもの。
単体：元素記号を1種類だけ使って表現できるもの。

例）エタノール C_2H_5OH，水 H_2O，二酸化炭素 CO_2 ➡ 化合物
酸素 O_2，水素 H_2，窒素 N_2 ➡ 単体

(2) エタノール C_2H_5OH，酸素 O_2，二酸化炭素 CO_2，水 H_2O などのようにいくつかの原子が結びついてできた粒子のことを分子といい，これらは「分子をつくる物質」となる。

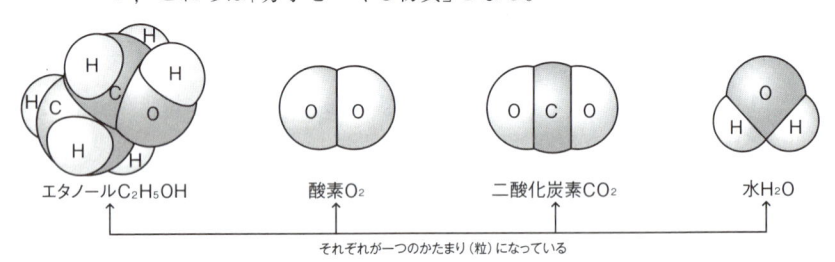

エタノールC_2H_5OH　　酸素O_2　　二酸化炭素CO_2　　水H_2O

それぞれが一つのかたまり（粒）になっている

ところが，酸化銅 CuO，塩化ナトリウム NaCl，銅 Cu，ダイヤモンド C などは莫大な数のイオンや原子が集まって結晶をつくっており，これらは「分子をつくらない物質」となる。これらの結晶は，イオンの数の比や原子の数の比を最も簡単な整数比（→組成式という）で表す。

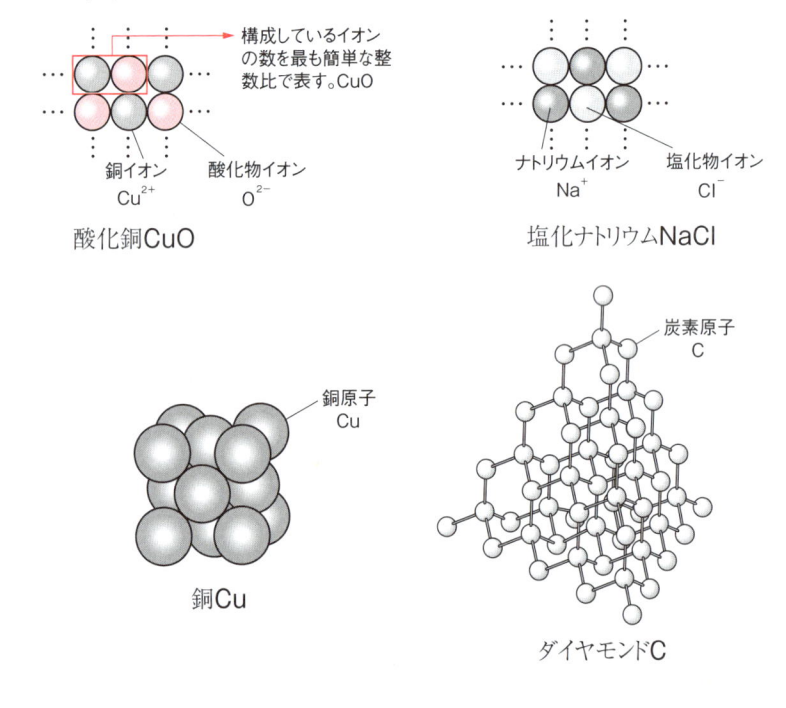

構成しているイオンの数を最も簡単な整数比で表す。CuO

銅イオン Cu^{2+}　酸化物イオン O^{2-}

酸化銅CuO

ナトリウムイオン Na^+　塩化物イオン Cl^-

塩化ナトリウムNaCl

銅原子 Cu

銅Cu

炭素原子 C

ダイヤモンドC

3 答 エ

状態変化：固体 ⇌(加熱/冷却) 液体 ⇌(加熱/冷却) 気体の変化。
（固体 ⇌(加熱/冷却) 気体）

化学変化：物質が別の物質に変わる変化。
ア：化学変化
　　　　　　アンモニア ＋ 塩化水素 ⟶ 塩化アンモニウム
化学反応式 NH_3 ＋ HCl ⟶ NH_4Cl

⚠ 塩化アンモニウムの白色固体が生成することで，白煙を生じる。

イ：化学変化
　　　　　　水素 ＋ 酸素 —点火→ 水
化学反応式 $2H_2$ ＋ O_2 ⟶ $2H_2O$

ウ：化学変化
　　　　　　過酸化水素 ⟶ 酸素 ＋ 水
化学反応式 $2H_2O_2$ ⟶ O_2 ＋ $2H_2O$

⚠ 二酸化マンガン MnO_2 は，反応を速く進めるための触媒。触媒は，ふつう反応式中には書かない。

エ：状態変化
　ドライアイス（固体）が直接二酸化炭素（気体）になり，小さくなっていく。

4 答 エ

沸騰しているときの水の中の泡は，**水蒸気**である。

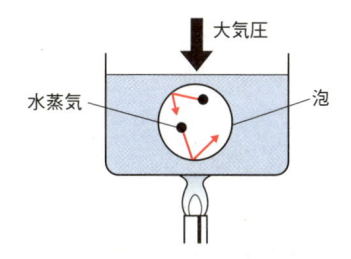

5 答
(1) 名称：融点　　化学式：H_2O
(2) ① ア　② ウ
(3) ア，オ

(1) 融点：固体が液体になるときの温度。
　　沸点：液体が気体になるときの温度。
　　水の中の泡は水蒸気であり，水蒸気，水，氷の化学式はすべて H_2O となる。

(2) 体積について
　　水：液体 ＜ 固体 ＜ 気体
　　水以外のほとんどの物質：固体 ＜ 液体 ＜ 気体
　　よって，水が気体になると，液体のときに比べ，体積が増える。
　　密度は $\dfrac{\text{g}}{\text{cm}^3}$ ← 状態変化では，質量は変化しない。
　　　　　　　　　　← 水が気体になると，体積は増加する。
　　よって，体積が増えることで密度は小さくなる。

(3) **ア**と**オ**は化学変化の例。

　ア 炭酸水素ナトリウム $\xrightarrow{\text{加熱}}$ 炭酸ナトリウム ＋ 二酸化炭素 ＋ 水
　化学反応式　 $2NaHCO_3 \xrightarrow{\text{加熱}} Na_2CO_3 + CO_2 + H_2O$
　　　　　　　　　　　　　　　　　　　　　　　　　　↓
　　　　　　　　　　　　　　　　　　　　　　　ケーキがふくらむ
　オ 鉄 ＋ 酸素 ⟶ 酸化鉄 (さび)

　イ，ウ，エは状態変化の例。

6 答 2

同じ物質（パルミチン酸）であれば，質量が変化しても固体から液体に変化する温度（融点）は同じである。（→**a**が正しい）

パルミチン酸と塩化ナトリウム$NaCl$のように物質の種類が異なれば，融点も異なる。（→**d**が正しい）

7 答
(1) 酸素
(2) 変化：状態変化　　温度：融点
(3) 密度
(4) ア

(1) 水分子H_2Oは，水素原子Hと酸素原子Oからできている。

(3) 密度 $[\text{g}/\text{cm}^3]$：物質1cm^3あたりの質量のこと
　　　　　　　→物質1cm^3あたりを表している

(4) ① 氷は水より密度が小さいために浮く。
　　② あたたかい水は，冷たい水より密度が小さいために浮く。
　　よって，「①，②の場合とも浮く。」の**ア**が答となる。

参考　②について本問では，かき混ぜずに冷たい水に熱いお湯を加えていくと，上部があたたかくなり，下部が冷たくなるという日常での体験から答が出せればよい。高校化学では，液体の水であっても温度が高くなると水分子の熱運動が激しくなることで体積が増加する（密度は減少する）と学習する。つまり，冷たい水よりあたたかい水の方が密度が小さくなる。

8 答 (1) 融点
(2) ウ
(3) 固体のロウの密度よりも液体のロウの密度が小さいため，体積は大きくなる。

(2) ビーカーBでは固体のロウが水に浮かんだので，
　　　水（液体）の密度　＞　固体のロウの密度　…①
　　ビーカーCでは固体のロウが液体のロウの中に沈んだので，
　　　固体のロウの密度　＞　液体のロウの密度　…②
　　よって，①，②より
　　　水（液体）の密度　＞　固体のロウの密度　＞　液体のロウの密度
　　　（→ウ）
　　となる。
(3) (2)の密度の関係から答える。

9 答 (1) 1：熱運動　2：発熱反応　3：吸熱反応　4：反応熱
(2) (a) 融解熱　(b) 蒸発熱

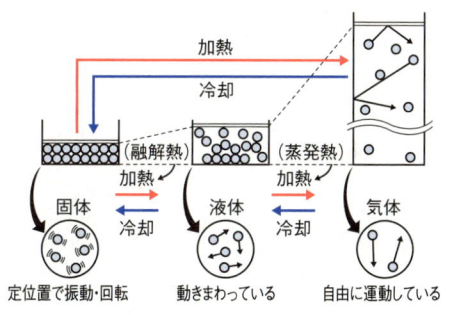

(1) 粒子の不規則な運動を熱運動という。
(2) 固体は融解熱を吸収し液体となり，液体は蒸発熱を吸収し気体となる。

10 答 (1) ア：大きく　イ：固体　ウ：状態変化　エ：分子間力
(2) (a) T_1：融点　T_2：沸点
　　(b) 固体と液体
　　(c) 加えた熱が分子間の結合を切るために使われているから。

(2) (b) Aまで：固体のみ存在，AB間：固体と液体が存在，BC間：液体のみ存在，CD間：液体と気体が存在，Dから：気体のみ存在。
(c) 分子からなる物質は，分子と分子の間に分子間力とよばれる力がはたらいている。

Step 04 水溶液・溶解度

問題▶本冊 p.035

1 答 (1) 溶媒　(2) ア

(1) 食塩（溶質）が水（溶媒）に溶けると食塩水（水溶液）になる。

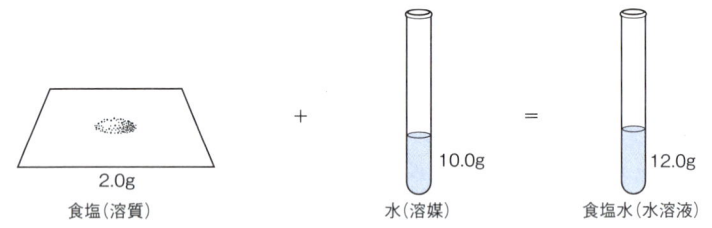

2.0g 食塩（溶質） ＋ 10.0g 水（溶媒） ＝ 12.0g 食塩水（水溶液）

(2) $10.0\text{g} + 2.0\text{g} = 12.0$ [g] になる。質量は保存される。

参考 質量パーセント濃度 [%]

$$= \frac{\text{溶質の質量}[\text{g}]}{\text{溶液の質量}[\text{g}]} \times 100\,[\%]$$

$$= \frac{\text{溶質の質量}[\text{g}]}{\text{溶質の質量}[\text{g}] + \text{溶媒の質量}[\text{g}]} \times 100\,[\%]$$

よって、本問では

$$\frac{2.0\text{g}}{2.0\text{g} + 10.0\text{g}} \times 100 \fallingdotseq 17\,[\%]$$

2 答 塩化水素

塩化水素 HCl は、無色で刺激臭をもつ気体。水によく溶け、強い酸性を示す。塩酸は塩化水素 HCl の水溶液である。

3 答 ①ウ　②溶媒

溶媒に溶ける溶質の量は、溶媒の量や温度によって限界がある。限界まで溶質が溶けた溶液のことを**飽和溶液**といい、このときに必要な溶質の量を**溶解度**という。溶解度は、ふつう**溶媒100gに溶ける溶質の最大質量 [g]** で表す。ただ、溶媒には水を使うことが多いので、水100gに溶ける溶質の最大質量 [g] ということもできる。

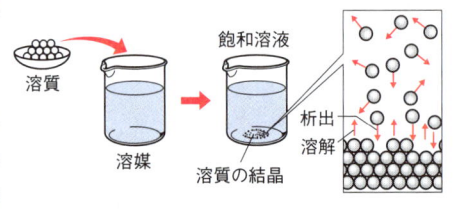

問題文中のグラフを**溶解度曲線**という。

① 60℃の水50gにミョウバン6gを加えすべてを溶かしたので，60℃の水50×2＝100［g］あたりではミョウバンを6×2＝12［g］溶かしたことになる。

よって，水溶液を冷却していくと，約20℃で結晶ができ始める。

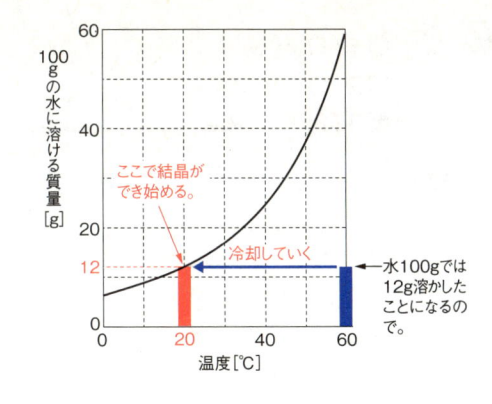

②　**参考**　ミョウバンの水溶液は酸性になる。

4 答
(1) ア：硝酸カリウム
　　イ：温度変化に伴って，溶解度が大きく変化する
(2) ウ：水（溶媒）を蒸発させる
(3) 再結晶

(1) 水で冷やして白色の固体が出てくる試験管Aには，温度による溶解度の差が大きな溶質が溶けている。よって，表Ⅱより温度による溶解度の差が大きい硝酸カリウムが物質Aとわかる。

(2)・(3) 物質Bは塩化ナトリウムとわかる。塩化ナトリウムのように温度による溶解度の差が小さな物質は，いったん水に溶かし，**水を蒸発させる**ことで溶けきれずに析出する結晶を取り出せる。この操作を**再結晶**という。

5 答
1：ウ　　2：a＋b＝c　　3：溶質　　4：飽和水溶液

1　物質が水に溶け，全体に一様に広がって水溶液となる。
　水溶液の濃さは，どの部分でも同じで均一になる。

2　ag（角砂糖＋薬包紙） ＋ bg（水＋ビーカー） ＝ c［g］（水溶液＋薬包紙＋ビーカー）

3　砂糖…溶質，水…溶媒，砂糖水…水溶液となる。
4　溶質が限界まで溶けた水溶液を**飽和水溶液**という。

6 答 問1 (1) (例) 手であおぐようにして,においをかぐ。　(2) 青色
　　　　問2 (1) H_2　(2) 塩化水素
　　　　問3 (1) ア　(2) a：$NaHCO_3$　b：Na_2CO_3

問1 (1) 直接鼻を近づけてにおいをかぐことは非常に危険なので決して行わないこと。
　　　(2) Aはアンモニア水とある。アンモニア水はアルカリ性を示すため,緑色のBTB溶液を加えると青色に変化する。
問2 (1) Bはマグネシウムリボンと反応して,気体(水素H_2)を発生するのでうすい塩酸とわかる。

マグネシウム	+	塩酸	⟶	塩化マグネシウム	+	水素

化学反応式　$Mg\ +\ 2HCl\ \longrightarrow\ MgCl_2\ +\ H_2$

　　　(2) 塩酸は,塩化水素HClの水溶液のことである。
問3 (1) Dは黒く焦げたことから,砂糖水とわかる。
　　　　　Cは食塩水とあり,食塩の結晶の図はアである。
　　　(2) Eは炭酸水素ナトリウム水溶液とあり,炭酸水素ナトリウムを加熱すると熱分解反応が起こる。

炭酸水素ナトリウム	加熱→	炭酸ナトリウム	+	二酸化炭素	+	水

化学反応式　$2NaHCO_3\ \longrightarrow\ Na_2CO_3\ +\ CO_2\ +\ H_2O$

7 答 問1　再結晶
　　　　問2　エ
　　　　問3　イ

問2 グラフより,60℃の水100gに硝酸カリウムは最大約110gまで溶けるので,水200gには最大約220gまで溶けることがわかる。

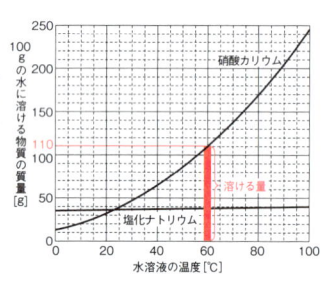

問3 実験では，60℃の水200gに硝酸カリウム170gと，塩化ナトリウム60gを溶かした。そのため，60℃の水100gあたりでは，硝酸カリウム85g，塩化ナトリウム30gが溶けているとわかる。グラフより，60℃から20℃まで冷却すると，硝酸カリウムだけが固体として出てくることがわかり，硝酸カリウムが生じ始める温度は約50℃となる。

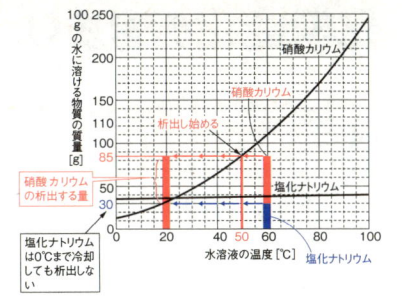

8 答 (1)（エ）　(2)（ウ）

(1) 70℃で水200gに硝酸カリウムを70g溶かした水溶液なので，水100gあたり硝酸カリウムは35g溶けていることになる。よって，グラフより硝酸カリウムが析出し始めるのは，約25℃とわかる。

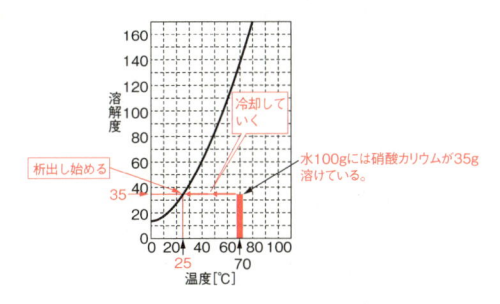

(2) グラフより，10℃では水100gに硝酸カリウムが最大20g溶解することがわかる。

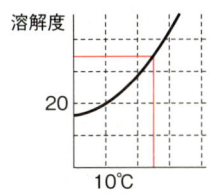

つまり，水200gには硝酸カリウムが最大40g溶解する。よって，70℃で水200gに硝酸カリウム70gを溶かした水溶液を10℃まで冷却すると，

70g − 40g = 30 [g]

- 70℃で水200gに溶けている硝酸カリウムの質量
- 10℃で水200gに溶ける最大の硝酸カリウムの質量
- 溶けきれなくなって析出する硝酸カリウムの質量

Step 05 化学変化のきまり

問題 ▶ 本冊 p.043

1 答 エ

化学反応の前後では，物質をつくる原子の**組合せは変わる**が，**数は変わらない**。

例 炭素 ＋ 酸素 ⟶ 二酸化炭素
モデル ● ＋ ○○ ⟶ ○●○

物質をつくる原子の組合せは，

炭素…●，酸素…○○，二酸化炭素…○●○

のようにすべて異なっているが，化学反応の前後で原子の数は，

●が1個，○が2個　　●が1個，○が2個
　　　左辺　　　　　　　　右辺

のように変わらない。

そのため，化学反応の前後で反応に関係する物質全体の質量が変わらない(→**質量保存の法則**)ことが説明できる。

2 答 (1) **質量保存の法則**
　　(2) ① **ア**　② **イ**

実験Ⅰでは，次の反応が起こる。

炭酸水素ナトリウム ＋ 塩酸 ⟶ 塩化ナトリウム ＋ 水 ＋ 二酸化炭素
化学反応式 $NaHCO_3$ ＋ HCl ⟶ $NaCl$ ＋ H_2O ＋ CO_2

ふたを開けたことで，62.39g − 62.20g ＝ 0.19[g]の二酸化炭素CO_2が逃げて，軽くなった。ふたを開けなければ，反応前と反応後の質量が62.39gのままで変わらない。つまり二酸化炭素CO_2は逃げないので**質量保存の法則**が成り立つ。

実験Ⅱでは，次の反応が起こる。

水酸化バリウム ＋ 硫酸 ⟶ 硫酸バリウム ＋ 水
化学反応式 $Ba(OH)_2$ ＋ H_2SO_4 ⟶ $BaSO_4$ ＋ $2H_2O$

この反応では気体が発生しないので，ふたを開けた後も反応させる前と質量が72.92gのまま変化していない。

(1) 実験Ⅰ，Ⅱともに反応前と反応後(ふたを開ける前)では，質量保存の法則が成り立つ。
(2) 化学反応の前後では，原子の組合せは①変わるが，原子の種類と数は②変わらない。

3 答 0.18 g

塩酸に石灰石を加えると次の反応が起こり，二酸化炭素が発生する。

石灰石(炭酸カルシウム) + 塩酸 ⟶ 二酸化炭素 + 水 + 塩化カルシウム

化学反応式　$CaCO_3$　+ $2HCl$ ⟶ CO_2 + H_2O + $CaCl_2$

発生した二酸化炭素の質量は，

$$52.25g + 0.90g - 52.75g = 0.40 \text{[g]}$$

（52.25g：塩酸10cm³とビーカーを合わせた質量／0.90g：入れた石灰石／52.75g：反応後の水溶液とビーカーを合わせた質量／0.40g：発生した二酸化炭素の質量）

となる。

ここで，同じ濃度で同じ体積の塩酸10cm³に0.90gより少ない0.40gの石灰石を入れたので，石灰石0.40gはすべて溶けた（反応した）とわかる。

また，石灰石0.90gから発生した二酸化炭素は0.40gであり，石灰石0.40gからは

$$0.40g\text{石灰石} \times \frac{0.40g\text{ 二酸化炭素}}{0.90g\text{ 石灰石}} ≒ 0.18\text{[g]}$$

（同じ単位を消去する／0.90gの石灰石から二酸化炭素が0.40g発生したので）

の二酸化炭素が発生する。

4 答

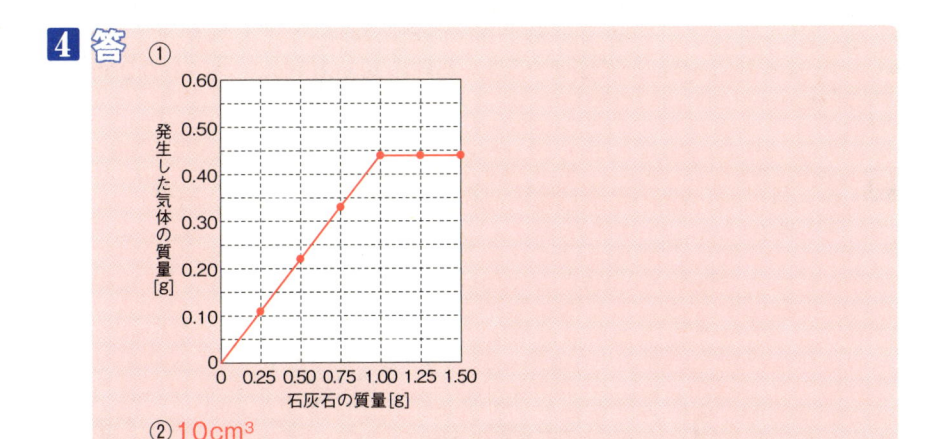

① （グラフ：横軸 石灰石の質量[g]，縦軸 発生した気体の質量[g]。(0.25, 0.11), (0.50, 0.22), (0.75, 0.33), (1.00, 0.44), (1.25, 0.44), (1.50, 0.44) を通る折れ線）

② 10cm³

① この実験では次の反応が起こり，二酸化炭素が発生する。

石灰石 + 塩酸 ⟶ 二酸化炭素 + 水 + 塩化カルシウム

化学反応式　$CaCO_3$ + $2HCl$ ⟶ CO_2 + H_2O + $CaCl_2$

発生した二酸化炭素は，Ⅱ と Ⅲ の差または Ⅰ と Ⅲ の差により求めることができる。

例えば，石灰石の質量が0.25gの場合，

$\underline{61.95\text{g}}_{\text{Ⅰまたは Ⅱ}} - \underline{61.84\text{g}}_{\text{Ⅲ}} = 0.11\,[\text{g}]$　の二酸化炭素が発生する。

同様に計算し，グラフをつくればよい。

② ①でつくったグラフより，**石灰石1.00gとうすい塩酸20cm³が過不足なく反応し**，0.44gの二酸化炭素が発生することがわかる。

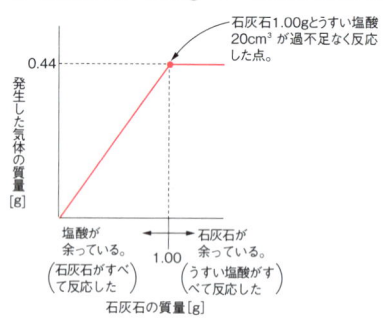

そのため，石灰石を1.50g用いると1.50g − 1.00g = 0.50 [g] の石灰石が残ることがわかる。

残った石灰石0.50gと過不足なく反応するうすい塩酸は，

$$0.50\text{g 石灰石} \times \frac{20\text{cm}^3\text{ うすい塩酸}}{1.00\text{g 石灰石}} = 10\,[\text{cm}^3]$$

となる。よって，同じ濃度のうすい塩酸は20cm³に加え，さらに**10cm³必要**になる。

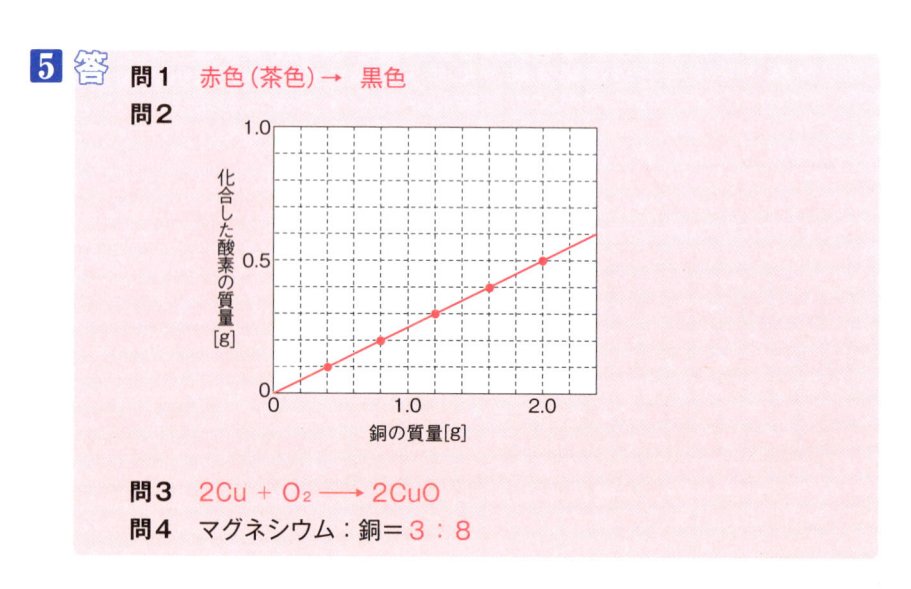

5 答

問1　赤色（茶色）→ 黒色

問2

問3　2Cu + O₂ ⟶ 2CuO

問4　マグネシウム：銅 = 3 : 8

問1 銅 + 酸素 ⟶ 酸化銅
(赤色)　　　　　　　(黒色)

⚠ 中学理科では酸化銅は黒色のものだけを学習するが，大学入試では2種類の酸化銅について学ぶ。

参考
銅 ─1000℃以下で酸化→ 酸化銅（Ⅱ）
Cu(赤色)　　　　　　CuO(黒色) ◀中学理科で出題される
　　─1000℃以上で酸化→ 酸化銅（Ⅰ）
　　　　　　　　　　　Cu₂O(赤褐色)

問2 質量保存の法則を利用して，銅と化合した酸素の質量を求める。

銅の質量[g]	0.4	0.8	1.2	1.6	2.0
酸化銅の質量[g]	0.5	1.0	1.5	2.0	2.5
化合した酸素の質量[g]	0.5−0.4 = 0.1	1.0−0.8 = 0.2	1.5−1.2 = 0.3	2.0−1.6 = 0.4	2.5−2.0 = 0.5

あとは，銅の質量と化合した酸素の質量との関係をグラフにすればよい。

問3 銅 + 酸素 ⟶ 酸化銅
$2Cu + O_2 \longrightarrow 2CuO$
　　　　　　　　　　↑銅原子Cuと酸素原子Oが1：1の割合で結びついている

問4 図のグラフを読みとる。マグネシウムと化合した酸素の質量は，

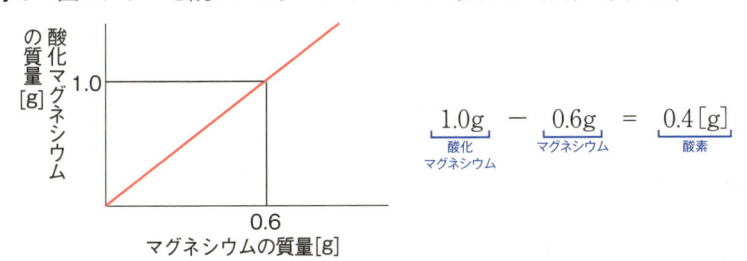

（グラフ：縦軸 酸化マグネシウムの質量[g]，横軸 マグネシウムの質量[g]。マグネシウム0.6gのとき酸化マグネシウム1.0g）

$\underbrace{1.0g}_{酸化マグネシウム} - \underbrace{0.6g}_{マグネシウム} = \underbrace{0.4[g]}_{酸素}$

また，問2の表より酸素0.4gと化合した銅は1.6gとわかる。よって，酸素0.4gと化合したマグネシウムは0.6g，銅は1.6gなので，その質量の比は

$\underbrace{0.6g}_{マグネシウム} : \underbrace{1.6g}_{銅} = 6:16 = 3:8$

となる。

6 答 15g

発生した酸素を x g とする。

$$\underbrace{酸化銀}_{(24.5-20)\text{g}} \xrightarrow{加熱} \underbrace{銀}_{(24.2-20)\text{g}} + \underbrace{酸素}_{x\text{g}}$$

(加熱前の質量 − 試験管の質量) (加熱後の質量 − 試験管の質量) 酸素の質量

質量保存の法則より

$$\underbrace{(24.5-20)\text{g}}_{酸化銀の質量} = \underbrace{(24.2-20)\text{g}}_{銀の質量} + \underbrace{x\text{g}}_{酸素の質量}$$

となり，$x = 0.3$ [g] とわかる。

よって，酸化銀 $(24.5-20)$ g $= 4.5$ [g] から発生する酸素は $x = 0.3$ [g] なので，1.0g の酸素を発生させるのに必要な酸化銀は，

$$1.0\text{g 酸素} \times \frac{4.5\text{g 酸化銀}}{0.3\text{g 酸素}} = 15 \text{[g]}$$

となる。

参考 この計算は，「化合物を構成する元素の質量比は常に一定」という「定比例の法則」を利用して計算している。

7 答 問1 $CuO + H_2 \longrightarrow Cu + H_2O$
　　　　 問2 1.5g

問1 実験で起こった反応は，

酸化銅(黒) + 水素 ⟶ 銅(赤) + 水

化学反応式 $CuO\ \ +\ \ H_2\ \ \longrightarrow\ \ Cu\ \ +\ \ H_2O$

問2 グラフより，銅 2.0g と化合する酸素は 0.5g とわかり，実験で得られた銅 2.8g と化合していた酸素は

$$2.8\text{g 銅} \times \frac{0.5\text{g 酸素}}{2.0\text{g 銅}} = 0.7 \text{[g]}$$

となり，使用した酸化銅 5.0g のうち実験で反応した酸化銅は

$$\underbrace{2.8\text{g}}_{銅} + \underbrace{0.7\text{g}}_{酸素} = 3.5 \text{[g]}$$

であり，反応せずに残った黒色の酸化銅は，

$$\underbrace{5.0\text{g}}_{使用した酸化銅} - \underbrace{3.5\text{g}}_{反応した酸化銅} = \underbrace{1.5\text{[g]}}_{反応せずに残った酸化銅}$$

となる。

8 答

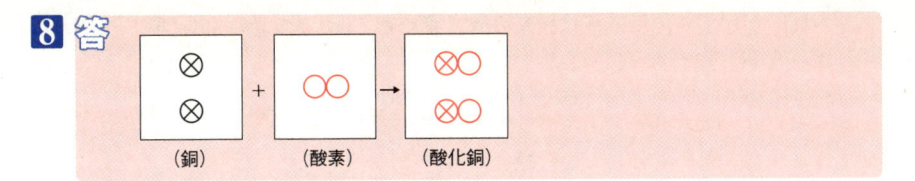

(銅) + (酸素) → (酸化銅)

酸素は分子なので ○○，酸化銅は分子の形はとらないが化合物なので ⊗○ となる。

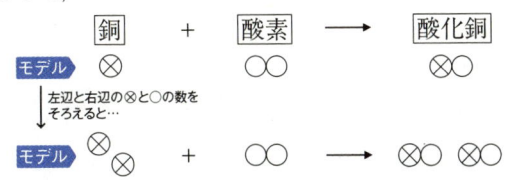

よって，

|銅| + |酸素| ⟶ |酸化銅|
モデル ⊗   ○○   ⊗○

↓左辺と右辺の⊗と○の数をそろえると…

モデル ⊗⊗ + ○○ ○○ ⟶ ⊗○ ⊗○

9 答

(1) Fe + S ⟶ FeS
(2) $2Cu + O_2 \longrightarrow 2CuO$
(3) $C + O_2 \longrightarrow CO_2$
(4) $2H_2 + O_2 \longrightarrow 2H_2O$
(5) $2Ag_2O \longrightarrow 4Ag + O_2$
(6) $2NaHCO_3 \longrightarrow Na_2CO_3 + CO_2 + H_2O$

(5) 酸化銀の化学式は Ag_2O である。
(6) |炭酸水素ナトリウム| →(加熱) |炭酸ナトリウム| + |二酸化炭素| + |水|

10 答

(1) 黒色の酸化銅(Ⅱ)が赤色の銅に変わる。
(2) $CuO + H_2 \longrightarrow Cu + H_2O$
(3) 1.28g

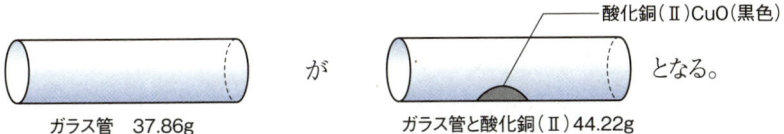

ガラス管 37.86g が ガラス管と酸化銅(Ⅱ) 44.22g (酸化銅(Ⅱ)CuO(黒色)) となる。

よって，入れた酸化銅(Ⅱ)CuO の質量は，
　　44.22g － 37.86g ＝ 6.36 [g]
とわかる。このガラス管に水素 H_2 を通じながら加熱すると，

|酸化銅(Ⅱ)| + |水素| ⟶ |銅| + |水|
化学反応式 　CuO　 + 　H_2　 ⟶ 　Cu　 + 　H_2O

の反応が起こり，反応後は銅がガラス管に残る（ガラス管の両端が開いているため，水 H_2O と水素 H_2 はガラス管には残らない）。ガラス管と銅の質量は 42.94g なので，得られた銅は 42.94g − $\underbrace{37.86g}_{\text{ガラス管のみ}}$ = 5.08〔g〕となる。

よって，銅と結合していた酸素の質量は，

$$\underbrace{6.36g}_{\text{酸化銅(Ⅱ)}} - \underbrace{5.08g}_{\text{銅}} = \underbrace{1.28}_{\text{酸素}}〔g〕$$

となる。

11 答 ④

> **考え方のポイント**
> H_2O 1個には，H 2個，O 1個が含まれる

$$\underbrace{a\,NO}_{\substack{N\,a個\\O\,a個}} + \underbrace{b\,NH_3}_{\substack{N\,b個\\H\,3b個}} + \underbrace{O_2}_{O\,2個} \longrightarrow \underbrace{4N_2}_{N\,8個} + \underbrace{c\,H_2O}_{\substack{H\,2c個\\O\,c個}}$$

左辺と右辺で各原子（N, H, O）の数が等しくなることに注目する。

N について，
$$a + b = 8 \quad \cdots ①$$

H について，
$$3b = 2c \quad \cdots ②$$

O について，
$$a + 2 = c \quad \cdots ③$$

③より $c = a + 2$ を②に代入すると，$3b = 2(a + 2)$ となり
$$2a - 3b = -4 \quad \cdots ④$$

①×3＋④より
$$5a = 20 \quad \therefore a = 4$$

③に代入して
$$\therefore c = 6$$

②に代入して
$$\therefore b = 4$$

よって，
$$a = 4, b = 4, c = 6$$

Step 06 酸性・アルカリ性(塩基性)の物質

問題▶本冊 p.050

1 答 イ

食酢…酢酸 CH_3COOH を含んでおり，**酸性**を示す。
酸を中和することができるのはアルカリ性を示す物質，つまりアルカリを選べばよい。

ア 食塩…水溶液は中性。
イ 重そう…炭酸水素ナトリウム $NaHCO_3$ のこと。重そうの水溶液は，弱いアルカリ性を示す。
ウ レモン汁…酸性を示す。
エ 砂糖…水溶液は中性。

2 答
問1 CO_2
問2 酸性の水を中和するはたらき。

問1 雨水は二酸化炭素 CO_2 を含んでいるため，もともと弱い酸性を示している。炭酸水素ナトリウム $NaHCO_3$ を加熱すると次の熱分解反応が起こり，二酸化炭素 CO_2 が発生する。

炭酸水素ナトリウム	加熱→	炭酸ナトリウム	+	水	+	二酸化炭素
化学反応式 $2NaHCO_3$	加熱→	Na_2CO_3	+	H_2O	+	CO_2

問2 石灰石の主成分は，炭酸カルシウム $CaCO_3$ である。炭酸カルシウム $CaCO_3$ は水にごくわずかに溶け，弱いアルカリ性を示す。そのため，酸性を示す水に炭酸カルシウムの粉末を混ぜた水を加えると中和でき，酸の H^+ が消費される。

イオン反応式 $CaCO_3$ + $2H^+$ ⟶ Ca^{2+} + H_2O + CO_2
炭酸カルシウム　酸の水素イオン　カルシウムイオン　水　二酸化炭素

3 答
問1 ①塩化水素　②水素　③H_2
問2 エ

問1 塩酸は 塩化水素 HCl の水溶液で，強い酸性を示す。塩酸は，マグネシウム Mg，亜鉛 Zn，鉄 Fe などと反応し， 水素 H_2 を発生する。

化学反応式 $Mg + 2HCl \longrightarrow MgCl_2 + H_2$
化学反応式 $Zn + 2HCl \longrightarrow ZnCl_2 + H_2$
化学反応式 $Fe + 2HCl \longrightarrow FeCl_2 + H_2$

問2　マグネシウムと塩酸が入っている試験管に，水酸化ナトリウム水溶液を加えていくと中和が起こる。

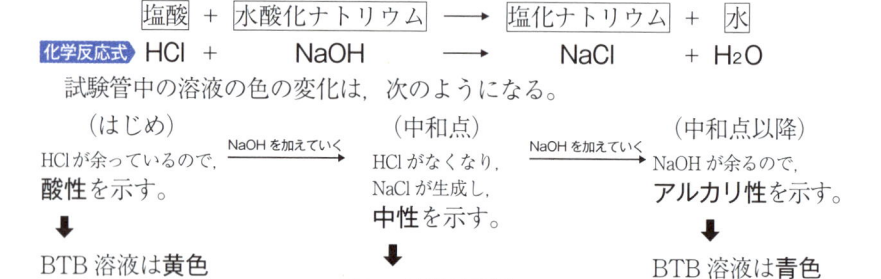

塩酸 ＋ 水酸化ナトリウム ⟶ 塩化ナトリウム ＋ 水

化学反応式 $HCl + NaOH \longrightarrow NaCl + H_2O$

試験管中の溶液の色の変化は，次のようになる。

（はじめ）
HClが余っているので，**酸性**を示す。
⬇
BTB溶液は**黄色**

→ NaOHを加えていく →

（中和点）
HClがなくなり，NaClが生成し，**中性**を示す。
⬇
BTB溶液は**緑色**

→ NaOHを加えていく →

（中和点以降）
NaOHが余るので，**アルカリ性**を示す。
⬇
BTB溶液は**青色**

よって，黄色→緑色→青色の**エ**が正しい。

4 答　①アルカリ性　②a：ア　b：エ

①・②水酸化ナトリウム水溶液に塩酸を加えていくと，中和反応が起こる。

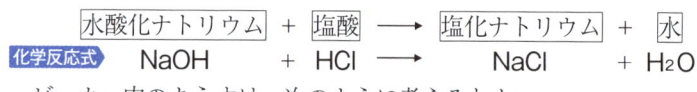

水酸化ナトリウム ＋ 塩酸 ⟶ 塩化ナトリウム ＋ 水

化学反応式 $NaOH + HCl \longrightarrow NaCl + H_2O$

ビーカー内のようすは，次のように考えるとよい。

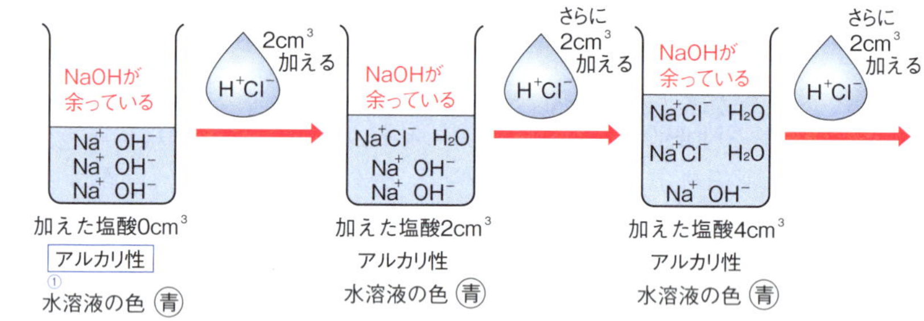

NaOHが余っている
Na⁺ OH⁻
加えた塩酸0cm3
アルカリ性
①
水溶液の色 青
2cm3 加える
H⁺Cl⁻
NaOHが余っている
Na⁺Cl⁻ H2O
加えた塩酸2cm3
アルカリ性
水溶液の色 青
さらに 2cm3 加える
加えた塩酸4cm3
アルカリ性
水溶液の色 青

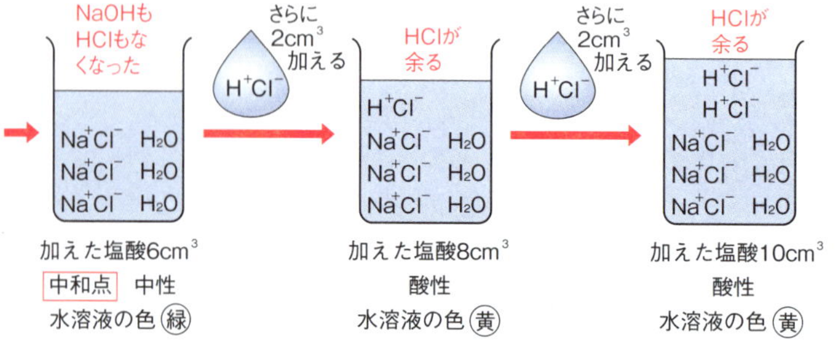

NaOHもHClもなくなった
Na⁺Cl⁻ H2O
加えた塩酸6cm3
中和点　中性
水溶液の色 緑
さらに 2cm3 加える
H⁺Cl⁻
HClが余る
加えた塩酸8cm3
酸性
水溶液の色 黄
加えた塩酸10cm3
酸性
水溶液の色 黄

中和が起こっているのは，水溶液の色が緑色になるまで，つまり塩酸を加え始めた(a)ときから，塩酸を6cm³加えた(b)ときまでである。6cm³より多くの塩酸を加えていくと，もう中和は起こらずに塩酸が余っていく。

5 答
問1　黄
問2　化学式：NaCl　番号：3
問3　(1) 中和　(2) 硫酸バリウム

問1　うすい塩酸は酸性を示すため，BTB溶液を加えると**黄色**になる。
問2　この実験では，次の中和反応が起こる。

化学反応式　HCl + NaOH ⟶ NaCl + H₂O

溶液が**緑色**になった点は**中性**であるので，NaClの水溶液となっている。よって，水分を蒸発させると，白い固体：塩化ナトリウムNaClが残る。NaClの結晶の形は模式図3である。ちなみに，ミョウバンの結晶の形は模式図2の正八面体である。

問3 (1)・(2)　硫酸に水酸化バリウム水溶液を加えると，中和(1)が起こる。

　　硫酸　+　水酸化バリウム　⟶　硫酸バリウム(2)　+　水
化学反応式　H₂SO₄ + Ba(OH)₂ ⟶ BaSO₄ + 2H₂O
　　　　　　　　　　　　　　　　　　　（塩）

6 答　B：エ　E：ア

蒸留水 ➡ 中性，塩化ナトリウム水溶液 ➡ 中性，うすい塩酸 ➡ 酸性，
うすい水酸化ナトリウム水溶液 ➡ アルカリ性，
うすい水酸化バリウム水溶液 ➡ アルカリ性　となる。

【実験1】BTB溶液の色から，
　　　　青色のAとB ➡ アルカリ性，黄色のC ➡ 酸性，
　　　　緑色のDとE ➡ 中性
とわかる。よって，Cはうすい塩酸となる。

【実験2】うすい硫酸を加えると白い物質ができるので，うすい水酸化バリウム水溶液がAとなる。

　　硫酸　+　水酸化バリウム　⟶　硫酸バリウム　+　水
化学反応式　H₂SO₄ + Ba(OH)₂ ⟶ BaSO₄ + 2H₂O
　　　　　　　　　　　　　　　　　　↪白い物質

また，Bはアルカリ性を示し，硫酸と白い物質をつくらないため，うすい水酸化ナトリウム水溶液となる。

【実験3】Dは中性で，その水溶液から水分を蒸発させると白い結晶が現れたため，塩化ナトリウム水溶液となる。Eは中性で，白い結晶が現れないため，蒸留水となる。よって，A～Eは次のようになる。
　　　A：うすい水酸化バリウム水溶液
　　　B：うすい水酸化ナトリウム水溶液
　　　C：うすい塩酸　　D：塩化ナトリウム水溶液　　E：蒸留水

7 答　ア

化学反応式　$HCl + NaOH \longrightarrow NaCl + H_2O$
の反応が起こり，各実験結果から次のことがわかる。

アより，濃度は　A液＞C液　←酸性なのでHClが余っている。
イより，濃度は　A液＞D液　←酸性なのでHClが余っている。
ウより，濃度は　B液＜C液　←アルカリ性なのでNaOHが余っている。
エより，濃度は　B液＞D液　←酸性なのでHClが余っている。

　まとめると，濃度の順はA液＞C液＞B液＞D液となる。

ア～エではどれも100cm³ずつ反応させているため，濃度の濃い方の塩酸A液と濃度の濃い方の水酸化ナトリウム水溶液C液を中和する（→実験ア）と，最も多くの塩化ナトリウムNaClが生成する。

8 答　⑥

　青色リトマス紙を赤色に変色するのは酸であり，赤色リトマス紙を青色に変色するのはアルカリである。また，⊕極側に引き寄せられて移動するのは陰イオン（負に帯電しているイオン），⊖極側に引き寄せられて移動するのは陽イオン（正に帯電しているイオン）である。

　リトマス紙の変色した部分が左側に広がった，つまり⊕極側に移動したことから，移動した陰イオンは赤色リトマス紙を青色に変色するOH^-とわかる。選択肢を見ると，OH^-を放出できる化合物はNaOHとなる。

```
              リトマス紙
        ┌──左側へ──┐
    ⊕ ●│ OH⁻ ●   │● ⊖
        └─────────┘
       電極         電極
```

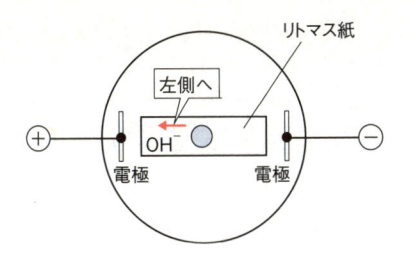

9 答

問1 ア：アレニウス　イ：オキソニウムイオン
　　　ウ：ブレンステッド

問2 （ⅰ）$HCl + H_2O \longrightarrow H_3O^+ + Cl^-$
　　　（ⅱ）$NH_3 + H_2O \rightleftarrows NH_4^+ + OH^-$

問1　アレニウス の定義
　　　ア

➡ **酸**：水に溶けたときに H^+（水素イオン）を生じる物質。

　　塩基：水に溶けたときに OH^-（水酸化物イオン）を生じる物質。

イオン反応式　塩酸：$HCl \longrightarrow \underline{H^+} + Cl^-$

イオン反応式　水酸化ナトリウム：$NaOH \longrightarrow Na^+ + \underline{OH^-}$

　　酸から放出された水素イオン H^+ は，水溶液中で水 H_2O と結合し，**オキソニウムイオン** H_3O^+ として存在する。
　　　　　　　　　　　　　　　　イ

イオン反応式　$H^+ + H_2O \longrightarrow \underset{オキソニウムイオン}{H_3O^+}$

　　ブレンステッド・ローリーの定義
　　　ウ

➡ **酸**：H^+ を与える物質，**塩基**：H^+ を受けとる物質。

問2　水と反応するように反応式をつくる。ブレンステッド・ローリーの定義に基づいて考えると次のようになる。

(ⅰ) **イオン反応式**　$\underset{酸}{HCl} + \underset{塩基}{H_2O} \xrightarrow{H^+} Cl^- + H_3O^+$

(ⅱ) **イオン反応式**　$\underset{塩基}{NH_3} + \underset{酸}{H_2O} \xrightleftarrows{H^+} NH_4^+ + OH^-$

⚠ 塩酸は強い酸性，アンモニアは弱いアルカリ性を示す。強い酸性や強いアルカリ性を示す場合の反応式はふつう不可逆（⟶）で，弱い酸性や弱いアルカリ性を示す場合の反応式はふつう可逆（⇌）で書く。

10 答 B, E

ブレンステッド・ローリーの定義では,
　　酸：H^+を相手に与える物質, 塩基：H^+を受けとる物質
であり,

イオン反応式 $\overset{H^+}{\overbrace{HCl\ +\ H_2O}} \longrightarrow H_3O^+ + Cl^-$ …(＊)

の反応は, 正反応($\longrightarrow$)ではHClが酸, H_2Oが塩基となるため, H_2Oのはたらきは塩基とわかる。よって, Bが正しい。

また, 同じように考えると, Dの反応

イオン反応式 $\underset{塩基}{CH_3COO^-} + \underset{酸}{\overset{H^+}{\overbrace{H_2O}}} \rightleftarrows \underset{酸}{\overset{H^+}{\overbrace{CH_3COOH}}} + \underset{塩基}{OH^-}$

では, H_2Oのはたらきは酸とわかり, Eの反応

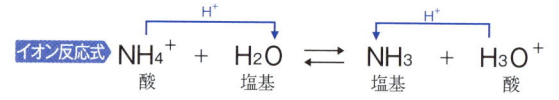

イオン反応式 $\underset{酸}{\overset{H^+}{\overbrace{NH_4^+}}} + \underset{塩基}{H_2O} \rightleftarrows \underset{塩基}{NH_3} + \underset{酸}{\overset{H^+}{\overbrace{H_3O^+}}}$

では, H_2Oのはたらきは塩基とわかる。よって, H_2Oのはたらきが(＊)の反応と同じ塩基となるのはEの反応である。

Step 07 酸化と還元

問題▶本冊 p.058

1 答
問1　ア
問2　エ
問3　Cu，H_2O（順不同）
問4　酸素，防ぐ

問1　鉄 Fe は酸化鉄を加熱しては得られないが，酸化鉄を還元すれば得られる。

問2
　　　　酸化銅　＋　炭素　⟶　銅　＋　二酸化炭素
化学反応式　2CuO　＋　C　⟶　2Cu　＋　CO_2

酸化…物質が酸素 O と化合する化学変化。
※燃焼…熱や光を出しながら激しく進む酸化。
還元…酸化物が酸素 O をうばわれる化学変化。
　よって，炭素 C が酸化されて二酸化炭素 CO_2 になった。また，
①　　　　　　　　　　　②
酸化銅 CuO が還元されて銅 Cu になった。
③　　　　　　　　　　④

問3
　　　　酸化銅　＋　水素　⟶　銅　＋　水
化学反応式　CuO　＋　H_2　⟶　Cu　＋　H_2O

問4　例えば，アルミニウムの表面を人工的に酸化して，酸化物の膜で覆ったものをアルマイトという。

2 答　ウ

ウの燃料電池は，水素や酸素のもつ化学エネルギーが水に化学変化するときに放出されるため，それを熱エネルギーや電気エネルギーに変換している。
　アの太陽電池は光エネルギーを，イの水力発電はダムに蓄えた水の位置エネルギーを，エの手回し発電機は人がハンドルを動かすことにより生じる運動エネルギーを，それぞれ熱エネルギーや電気エネルギーに変換している。

3 答
問1　水，水素
問2　スチールウール（鉄）に酸素が化合したから。
問3　イ
問4　Mg，Cu
問5　磁石を缶に近づける。

問1　ろうそくは，炭化水素 C_xH_y からなる有機物である。有機物を燃焼させると空気中の酸素 O_2 と化合して，二酸化炭素 CO_2 や水 H_2O になる。

$$\boxed{\text{有機物（ろうそく）C, H}} + \boxed{O_2} \longrightarrow \boxed{CO_2} + \boxed{H_2O}$$
　　　　　　　　　　　　　　　　　　　　　　　　　　↓
　　　　　　　　　　　　　　　　　　　　びんの内側が少しくもる

問2
$$\boxed{\text{スチールウール 鉄 Fe}} + \boxed{\text{酸素 } O_2} \longrightarrow \boxed{\text{酸化鉄}}$$
　　（銀白色）　　　　　　　　　　　　　　　　　（黒色）

黒色の酸化鉄は，スチールウール（鉄）と酸素との化合物であるため，スチールウールより重くなる。

問3　二酸化炭素 CO_2 ができると，石灰水が白くにごる。よって，ろうそくを燃やしたびんだけが白くにごる。

⚠ 石灰水…水酸化カルシウム $Ca(OH)_2$ の飽和水溶液。

問4　金属…マグネシウム Mg，銅 Cu。
　　　　非金属…硫黄 S，アンモニア NH_3，炭素 C，塩素 Cl_2。

問5　スチール缶は鉄からできているため，磁石にくっつく。

4 答
(1) 黒色
(2) $2Cu + O_2 \longrightarrow 2CuO$
(3) イ
(4) 0.15g

(1) $\boxed{\text{銅}} + \boxed{\text{酸素}} \longrightarrow \boxed{\text{酸化銅}}$
　　（赤色）　　　　　　　　　　（黒色）

(2) モデル　●● ＋ ○○ ⟶ ●○ ●○
　　化学反応式　$2Cu + O_2 \longrightarrow 2CuO$

(3) 1回目と2回目は，銅が一部残り，すべて酸化銅にはなっていない。加熱後の粉末の質量が変化しなかった3回目以降のデータを利用する。
　　3〜5回目　銅：酸素＝1.00g：(1.25g − 1.00)g ＝ **4：1（質量比）**

(4) 2回目と3回目の差は 1.25g − 1.22g ＝ 0.03 [g] となり，この値は化合し

た酸素の質量となる。この酸素と化合した銅は，(3)で求めた質量比から，

$$0.03\text{g} \times \frac{4}{1} = 0.12\,[\text{g}]$$

とわかり，3回目の加熱だけでできた酸化銅は，

$$\underbrace{0.12\text{g}}_{銅} + \underbrace{0.03\text{g}}_{酸素} = 0.15\,[\text{g}]$$

となる。

5 答
- 問1 ガラス管を石灰水の中から出す。
- 問2 ウ，エ
- 問3 $2CuO + C \longrightarrow 2Cu + CO_2$
- 問4 酸化物から酸素がとれる化学変化。

問1 石灰水が加熱している試験管に逆流し，試験管が割れるのを防ぐため，加熱するのをやめる前にガラス管を石灰水の中から出す。

問2・3 この実験では，次の反応が起こる。

化学反応式
$$\underset{(黒色)}{\boxed{酸化銅}} + \boxed{炭素} \longrightarrow \underset{(赤色)}{\boxed{銅}} + \boxed{二酸化炭素}$$
$$2CuO + C \longrightarrow 2Cu + CO_2$$

この反応で得られるのは赤色の銅 Cu であり，銅は**みがくと光沢が出て，電気をよく通す**が，塩酸には溶けず，磁石にはつかない。

また，鉄 Fe のようにみがくと光沢が出て，電気をよく通し，塩酸に溶けて気体を発生し，磁石につく金属もある。

どの金属にも共通する性質は，**ウとエ**である。

参考 金属の電気の導きやすさの順
　銀 Ag ＞銅 Cu ＞金 Au ＞アルミニウム Al ＞…

問4 磁鉄鉱は四酸化三鉄 Fe_3O_4 を多く含む鉄鉱石で，赤鉄鉱は酸化鉄(Ⅲ) Fe_2O_3 を多く含む鉄鉱石である。これらが還元される（＝酸素 O を失う）ことで鉄 Fe が得られる。

6 答
(1) CuO　(2) Cu　(3) H_2O　((2)と(3)は順不同)

加熱した酸化銅と水素は，次のように反応する。

化学反応式
$$\boxed{酸化銅} + \boxed{水素} \longrightarrow \boxed{銅} + \boxed{水}$$
$$CuO + H_2 \longrightarrow Cu + H_2O$$

ここで，生成した水 H_2O がペットボトルの内側に液体としてつく。青色の塩化コバルト紙は，水 H_2O がつくと赤色(桃色)に変わる。塩化コバルト紙は水 H_2O の検出に用いられる。

7 答
問1 ア
問2 ウ
問3 還元
問4 ① 5.60 ② 5：1
問5 イ，ウ

問1 化学反応式 2Cu + O$_2$ ⟶ 2CuO
　　　　　　　　赤色　　　　　　黒色

空気中には，約80%の窒素 N$_2$ と約 20 %の酸素 O$_2$ が含まれている。
②

問2 ウは熱分解反応である。

炭酸水素ナトリウム 　加熱→ 　炭酸ナトリウム + 二酸化炭素 + 水

化学反応式 2NaHCO$_3$ 　加熱→ 　Na$_2$CO$_3$ + CO$_2$ + H$_2$O

エでは，水素 H$_2$ が酸化されて，水 H$_2$O ができる。

水素 + 酸素 ⟶ 水

化学反応式 2H$_2$ + O$_2$ ⟶ 2H$_2$O

問3 酸化銅 CuO が還元される。

酸化銅 + 炭 ⟶ 銅 + 二酸化炭素

化学反応式 2CuO + C ⟶ 2Cu + CO$_2$

問4 表より，酸化銅1.00gが完全に反応して生じた銅は0.80gなので，酸化銅7.00gから生じる銅の質量は，

$$7.00\text{g 酸化銅} \times \frac{0.80\text{g 銅}}{1.00\text{g 酸化銅}} = \boxed{5.60}\text{ [g]}$$
①

となる。

また，この反応によって酸化銅7.00gから取り除かれた酸素の質量は，

7.00g − 5.60g = 1.40 [g]
酸化銅の質量　銅の質量　酸素の質量

とわかる。

よって，その質量の比は，7.00g : 1.40g = $\boxed{5:1}$ となる。
　　　　　　　　　　　　酸化銅の質量 酸素の質量　　②

問5 有機物には炭素 C や水素 H などが含まれており，砂糖（炭水化物 C$_x$(H$_2$O)$_y$）やプラスチックは有機物である。

8 答 1：酸化　　2：還元　　3：還元　　4：酸化

1　物質が酸素 O と結びつく反応を **酸化**₁，酸化物が酸素 O を失う反応を **還元**₂ という。

化学反応式　$C + O_2 \longrightarrow CO_2$（C が酸化された）

化学反応式　$CuO + H_2 \longrightarrow Cu + H_2O$（CuO が還元された）

2　物質が水素 H と結びつく反応を **還元**₃，水素の化合物が水素 H を失う反応を **酸化**₄ という。

化学反応式　$Cl_2 + H_2 \longrightarrow 2HCl$（$Cl_2$ が還元された）

化学反応式　$2H_2S + SO_2 \longrightarrow 3S + 2H_2O$（$H_2S$ が酸化された）

9 答 問1　$2Al + 3Cl_2 \longrightarrow 2AlCl_3$
　　　問2　（あ）酸化　（い）還元

問1　　アルミニウム ＋ 塩素 ⟶ 塩化アルミニウム
　　化学反応式　　$2Al + 3Cl_2 \longrightarrow 2AlCl_3$

問2　イオン反応式　$Al \longrightarrow Al^{3+} + 3e^-$ …①　　$Cl_2 + 2e^- \longrightarrow 2Cl^-$ …②
　　　　　　　　　　　　　　　　　電子　　　　　　　　　　　　電子

①×2＋②×3により，問1の化学反応式が得られる。

酸化（あ）…電子 e^- を失うこと ➡ Al は酸化された。

還元（い）…電子 e^- を受けとること ➡ Cl_2 は還元された。

Step 08 熱分解

問題▶本冊 p.065

1 答
問1 1
問2 ①P ②S
問3 (1) 分解または熱分解
(2) 3
(3) (ア) Ag_2O (イ) O_2

この実験では，酸化銀の熱分解により銀と酸素が生成する。

酸化銀 →(加熱) 銀 + 酸素
化学反応式　$2Ag_2O$ →(加熱) $4Ag$ + O_2
　　　　　黒っぽい色(褐色)　　銀白色

問1 Ag_2O は黒色。　**参考** 受験化学では，(暗)褐色と表記される。

問2 取り出した白っぽい色の物質は銀 Ag である。銀 Ag は，電流が ①流れ，金づちでたたくと ②うすく広がり，こすると表面が光る。
参考 酸化銀 Ag_2O は電気を導かないが，銀 Ag は電気を導く。うすく広がることを展性という。

問3(1) 1種類の物質が2種類以上の物質に分かれる化学変化を 分解（熱分解） という。酸化銀の熱分解以外に，次の熱分解を覚えておこう。

化学反応式　$2NaHCO_3$ →(加熱) Na_2CO_3 + CO_2 + H_2O
　　　　　炭酸水素ナトリウム　　炭酸ナトリウム　二酸化炭素　水

化学反応式　$CaCO_3$ →(加熱) CaO + CO_2
　　　　　炭酸カルシウム　　酸化カルシウム　二酸化炭素

化学反応式　$2KClO_3$ →(加熱) $2KCl$ + $3O_2$
　　　　　塩素酸カリウム　　塩化カリウム　酸素

参考 塩素酸カリウムの熱分解は，ふつう二酸化マンガン（酸化マンガン(Ⅳ)）MnO_2 を触媒として利用する。

(2) 酸化銀 Ag_2O は (a)化合物 であり，銀 Ag は (b)単体 である。

2 答 1

酸化銀を加熱すると熱分解により酸素 O_2 が発生する。
操作1～4で起こる反応は，次の通り。

操作1　過酸化水素 → 水 + 酸素
化学反応式　$2H_2O_2$ → $2H_2O$ + O_2

⚠ 二酸化マンガン（酸化マンガン(Ⅳ)）は，触媒。

操作2 亜鉛 ＋ 塩酸 ⟶ 塩化亜鉛 ＋ 水素
化学反応式 Zn ＋ 2HCl ⟶ ZnCl$_2$ ＋ H$_2$
操作3 塩化銅CuCl$_2$水溶液を電気分解すると，銅Cuと塩素Cl$_2$が生成する。
操作4 炭酸水素ナトリウム　→加熱→　炭酸ナトリウム ＋ 二酸化炭素 ＋ 水
化学反応式 2NaHCO$_3$　→加熱→　Na$_2$CO$_3$ ＋ CO$_2$ ＋ H$_2$O
よって，酸素O$_2$を発生させる操作は1である。

3 答

(1) (a) **アルカリ**または**塩基**　(b) **分解**または**熱分解**
(2) **C, O**

この実験では，炭酸水素ナトリウムの 分解（熱分解） が起こる。
　　　　　　　　　　　　　　　　　　　　(b)
炭酸水素ナトリウム　→加熱→　炭酸ナトリウム ＋ 二酸化炭素 ＋ 水
化学反応式 2NaHCO$_3$　→加熱→　Na$_2$CO$_3$ ＋ CO$_2$ ＋ H$_2$O
よって，加熱をやめた後に試験管の中に残っている白い物質は炭酸ナトリウムNa$_2$CO$_3$であり，試験管の口についている液体は水H$_2$Oとわかる。
(1) 炭酸ナトリウムNa$_2$CO$_3$の水溶液と炭酸水素ナトリウムNaHCO$_3$の水溶液はいずれも アルカリ（塩基） 性を示すため，フェノールフタレイン溶液を無色から赤色に変色する。
　　　　　　　　　　　　　(a)
　　参考　Na$_2$CO$_3$水溶液は，NaHCO$_3$水溶液より強いアルカリ性を示す。
(2) 発生した気体は二酸化炭素CO$_2$であり，炭酸水素ナトリウム中に炭素原子Cや酸素原子Oが含まれていることが推定できる。

4 答

問1　できた液体が加熱部分に流れて試験管Aが割れないようにするため。
問2　水上置換（法）
問3　はじめに出てきた気体は，試験管Aやゴム管などの中にあった空気を多く含んでいるため。
問4　CO$_2$
問5　水
問6　アルカリ性
問7　加熱により発生した二酸化炭素や水蒸気によって，内部にすきまができるから。

この実験では，炭酸水素ナトリウムの熱分解が起こる。

化学反応式： 炭酸水素ナトリウム　—加熱→　炭酸ナトリウム　＋　二酸化炭素　＋　水
$2NaHCO_3$　→　Na_2CO_3　＋　CO_2　＋　H_2O

- 水に溶けるが，少し溶け残る。フェノールフタレイン溶液でうすい赤色になる。
- 試験管Aに残った白い固体。水によく溶ける。フェノールフタレイン溶液で濃い赤色になる。
- 発生した気体。石灰水が白くにごる。
- 試験管Aの口の内側の液体。塩化コバルト紙が青→赤へ変色する。

問6　試験管 A に残った白い固体は，炭酸ナトリウム Na_2CO_3 である。その水溶液は，フェノールフタレイン溶液を赤色に変色するため，アルカリ性とわかる。

問7　ベーキングパウダー（ふくらし粉）には，炭酸水素ナトリウム $NaHCO_3$ が含まれている。そのため，ホットケーキをつくるときにベーキングパウダーを入れて加熱すると，発生する二酸化炭素や水蒸気によってホットケーキはよくふくらむ。

5 答

問1　①水上置換（法）　②○○　③イ，ウ，オ
問2　①用いるもの：（例）塩化コバルト紙
　　　　　色の変化：（例）青色→赤色（桃色）
　　　　②黄色　③1.59g

問1① 気体Xは酸素 O_2 であり，水に溶けにくいので水上置換（法）で集める。

② 化学反応式： 酸化銀　—加熱→　銀　＋　酸素
$2Ag_2O$　→　$4Ag$　＋　O_2（気体X）

モデル： ●●○○　●●○○　→　●　●　●　●　＋　○○

●は銀原子 Ag，○は酸素原子 O を表す。

③ 酸化銀 Ag_2O は2種類以上の原子でできている化合物であり，化合物はイの水 H_2O，ウのアンモニア NH_3，オの塩化ナトリウム $NaCl$ の三つ。

アの塩素 Cl_2，エの硫黄 S は1種類の原子でできている単体である。

参考　化合物は元素記号2種類以上，単体は元素記号1種類でそれぞれ表せることを知っておくとよい。

問2　化学反応式： 炭酸水素ナトリウム　—加熱→　炭酸ナトリウム　＋　二酸化炭素　＋　水
$2NaHCO_3$　→　Na_2CO_3　＋　CO_2（気体Y）　＋　H_2O（内側についた液体）

① 塩化コバルト紙に水がつくと，**青色から赤色（桃色）**に変色する。
② 二酸化炭素 CO_2 の水溶液は炭酸水（$H_2O + CO_2$ または H_2CO_3）であり，炭酸水は弱酸性を示す。そのため，BTB溶液は**黄色**を示す。

③　この実験で使用した炭酸水素ナトリウムは，

$$0.18\,\text{g} + 1.06\,\text{g} + 0.44\,\text{g} = 1.68\,[\text{g}]$$ ◀質量保存の法則を利用

（0.18g：水の質量，1.06g：炭酸ナトリウムの質量，0.44g：気体Yつまり二酸化炭素の質量，1.68g：使用した炭酸水素ナトリウムの質量）

となる。この実験では，炭酸水素ナトリウム1.68gから炭酸ナトリウム1.06gが得られることがわかる。よって，炭酸水素ナトリウム2.52gから得られる炭酸ナトリウムは，

$$2.52\,\text{g 炭酸水素ナトリウム} \times \frac{1.06\,\text{g 炭酸ナトリウム}}{1.68\,\text{g 炭酸水素ナトリウム}} = 1.59\,[\text{g}]$$

となる。

6 答

問1　触媒のはたらき
問2　水上置換（法）　理由：酸素は水に溶けにくい気体だから。
問3　(2)

問1　酸素 O_2 は，工業的には（工場では）空気を冷却し液化させた後，沸点の違いにより分け（→**分留**という）て製造される。

実験室では，反応1〜2により，酸素 O_2 を得ることができる。

反応1：過酸化水素 ⟶ 酸素 ＋ 水

化学反応式　　　$2H_2O_2 \longrightarrow O_2 + 2H_2O$

酸化マンガン（Ⅳ）（二酸化マンガン）MnO_2 には，触媒として反応の速さを速くする役割がある。

反応2：水 H_2O を電気分解すると，水素 H_2 と酸素 O_2 が発生する。

問2　酸素 O_2 や水素 H_2 など水に溶けにくい気体は，水上置換（法）で捕集する。

問3　純粋な水（純水）は電気を導きにくいので，水を電気分解して酸素 O_2 や水素 H_2 を発生させる場合には，うすい水酸化ナトリウム $NaOH$ 水溶液やうすい硫酸 H_2SO_4 を用いる。

(1)の塩酸 HCl を電気分解すると水素 H_2 と塩素 Cl_2 が発生し，酸素 O_2 は得られない。

7 答
問1 発生した水蒸気が試験管の口付近で水滴となり，これが加熱部に逆流するのを防ぐため。
問2 ガラス
問3 アンモニアソーダ法またはソルベー法
問4 塩化コバルト紙または硫酸銅(Ⅱ)無水物

この実験では，次の熱分解反応が起こる。

化学反応式 $2NaHCO_3 \xrightarrow{\text{加熱}} Na_2CO_3 + H_2O + CO_2$

また，水酸化カルシウム $Ca(OH)_2$ の水溶液を石灰水といい，試験管の口付近に付着した液体は水 H_2O である。

問2 炭酸ナトリウム Na_2CO_3 は，ガラスの原料に使われる。

> **例** 窓ガラスなどに使われるふつうのガラス(ソーダ石灰ガラス)…ケイ砂 SiO_2，炭酸ナトリウム Na_2CO_3，石灰石 $CaCO_3$ からなる。

問3 Na_2CO_3 の工業的製法はアンモニアソーダ法(ソルベー法)とよばれ，NaCl から Na_2CO_3 を得る。

問4 下線部の液体は水である。硫酸銅(Ⅱ)無水物 $CuSO_4$ は，水により白色から青色になる。

> **参考** 生成物(CO_2 と H_2O)の合計質量[g]は，
> $\underbrace{(22.71-20.61)\,g}_{\text{使用した}NaHCO_3} - \underbrace{(21.89-20.61)\,g}_{\text{残った}Na_2CO_3}$
> $= 0.82\,[g]$

Step 09 電池

問題 ▶ 本冊 p.072

1 答
問1 食塩水
問2 電解質
問3 $CuCl_2 \longrightarrow Cu^{2+} + 2Cl^-$

問1・2 <u>電解質</u>…水に溶けて陽イオンと陰イオンに分かれる（→<u>電離</u>という）物質。

例 塩化ナトリウム（食塩）：NaCl
イオン反応式 $NaCl \longrightarrow \underset{\text{ナトリウムイオン}}{Na^+} + \underset{\text{塩化物イオン}}{Cl^-}$

塩化水素：HCl
イオン反応式 $HCl \longrightarrow \underset{\text{水素イオン}}{H^+} + \underset{\text{塩化物イオン}}{Cl^-}$

<u>非電解質</u>…水に溶けても電離しない物質。

例 スクロース（砂糖の主成分），エタノール
　電解質の水溶液は，電気を導く。よって，食塩水は電流が流れる。

問3 塩化銅の化学式：$CuCl_2$
塩化銅は電解質であり，水溶液中で次のように電離する。
イオン反応式 $CuCl_2 \longrightarrow \underset{\text{銅(II)イオン}}{Cu^{2+}} + \underset{\text{塩化物イオン}}{2Cl^-}$

参考 受験化学では，$CuCl_2$を塩化銅(II)という。

2 答
問1 ウ
問2 亜鉛，銅，水素
問3 H^+，Cl^-

問1 電解質の水溶液を答える。

問2 亜鉛 Zn の方が銅 Cu よりイオンになりやすいため，亜鉛 Zn 板が負極（−極），銅 Cu 板が正極（＋極）の電池ができる。各極の反応は，次のようになる。

（−極）イオン反応式 $Zn \longrightarrow Zn^{2+} + \underset{\text{2個のこと}}{2e^-}$

（＋極）イオン反応式 $2H^+ + \underset{\text{2個のこと}}{2e^-} \longrightarrow H_2$

　電子は 亜鉛 板からモーターを通って 銅 板へ移動し，銅板から 水素 が発生する。

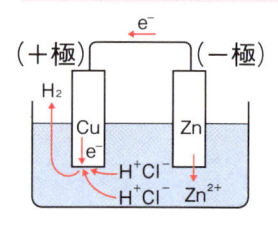

3 答
問1　①ア　②ウ
問2　$Zn \longrightarrow Zn^{2+} + \ominus\ominus$

亜鉛板が負極（－極），銅板が正極（＋極）になる。
（－極）**イオン反応式** $Zn \longrightarrow Zn^{2+} + 2e^-$　…い
（＋極）**イオン反応式** $2H^+ + 2e^- \longrightarrow H_2$　…あ

問1　電子の流れる向きは，負極から正極（①aの向き）となる。また，電池の＋極は水素が発生する②銅板になる。
問2　e^- を $\ominus$ で表しておく。

4 答
問1　化学式：H_2　記号：イ
問2　Zn^{2+}
問3　（例）食塩水
問4　①Y　②X　③X
問5　a：ウ　b：エ　c：イ

種類の異なる金属板を電解質水溶液に入れ，導線でつなぐと電池ができる。**金属板が溶けた方が負極（－極），金属板表面から気体（水素 H_2）が発生した方が正極（＋極）**になる。
①の電池：A（－極）**イオン反応式** $Zn \longrightarrow Zn^{2+} + 2e^-$　◀金属板が溶けた
　　　　：B（＋極）**イオン反応式** $2H^+ + 2e^- \longrightarrow H_2$　◀気体が発生
②の電池：A（＋極）**イオン反応式** $2H^+ + 2e^- \longrightarrow H_2$　◀気体が発生
　　　　：B（－極）**イオン反応式** $Mg \longrightarrow Mg^{2+} + 2e^-$　◀金属板が溶けた
③の電池：A（＋極）**イオン反応式** $2H^+ + 2e^- \longrightarrow H_2$　◀気体が発生
　　　　：B（－極）**イオン反応式** $Mg \longrightarrow Mg^{2+} + 2e^-$　◀金属板が溶けた

問1　①の電池のBで発生する気体は水素 H_2 であり，アでは酸素 O_2，イでは水素 H_2，ウでは二酸化炭素 CO_2 が発生する。
　ア　**化学反応式** $2H_2O_2 \longrightarrow 2H_2O + O_2$
　イ　**化学反応式** $Fe + 2HCl \longrightarrow FeCl_2 + H_2$
　ウ　**化学反応式** $CaCO_3 + 2HCl \longrightarrow CaCl_2 + H_2O + CO_2$
　　　　　　　　　石灰石

問2　亜鉛 Zn が電子 e^- を2個失うと，亜鉛イオン Zn^{2+} となる。

問3 電解質の水溶液を答える。食塩水 NaCl，うすい硫酸 H_2SO_4，うすい水酸化ナトリウム NaOH 水溶液など。

問4 電流は正極（＋極）から負極（－極）に流れる。
①はB→A（図のYの向き），②はA→B（図のXの向き），③はA→B（図のXの向き）となる。

問5 金属板のもつ 化学 エネルギーが 電気 エネルギーに移り変わり，さらに 電気 エネルギーが 運動 エネルギーへと移り変わることでモーターが回る。
　　　a　　　　　　　　b
　　　b　　　　c

5 答　燃料電池

燃料電池では，燃料（水素 H_2，メタン CH_4 など）が負極（－極），酸素 O_2 が正極（＋極）になる。

6 答
問1　（例1）ぼろぼろになっている。
　　　　（例2）うすくなっている。
問2　イ

木炭電池では，アルミニウム Al が負極（－極），木炭が正極（＋極）となる。負極（－極）では Al が反応し，アルミニウムイオン Al^{3+} に変化し，正極（＋極）の木炭では空気中の酸素 O_2 が反応している。
（－極）**イオン反応式** $Al \longrightarrow Al^{3+} + 3e^-$
（＋極）O_2 が反応している。

参考　正極（＋極）では，$O_2 + 2H_2O + 4e^- \longrightarrow 4OH^-$ の反応が起こっている。

問1　アルミニウムはくが Al^{3+} になるために，溶けてぼろぼろになり，うすくなっている。

問2　アルミニウム Al や酸素 O_2 のもっている 化学 エネルギーが，電気エネルギーに変わり，電子オルゴールの 音 エネルギーに変わる。

7 答

問1 起電力
問2 $Al \longrightarrow Al^{3+} + 3e^-$
問3 (ア) $2H_2O$ (イ) 4 (ウ) $4OH^-$
問4 (a) (イ) (b) (オ) (c) (カ)

問1 電位差(正極と負極のイオン化傾向の差)のことを**起電力**という。電位差が大きいほど起電力も大きくなる。

問2・3 木炭電池では,負極(−極)と正極(+極)で次の反応が起こる。

(−極) イオン反応式 $Al \longrightarrow Al^{3+} + 3e^-$
(+極) イオン反応式 $O_2 + 2H_2O + 4e^- \longrightarrow 4OH^-$

⚠ 標準状態というのは,0℃,1気圧のこと。1気圧=1013hPa(ヘクトパスカル)

参考 (+極)の反応式は,まず
$O_2 + 4e^- \longrightarrow 2O^{2-}$ …①
の反応が起こり,次に,O^{2-} が H_2O と反応し OH^- が生じると考えるとよい。
$O^{2-} + H_2O \longrightarrow OH^- + OH^-$ …②
よって,①式+②式×2より
$O_2 + 2H_2O + 4e^- \longrightarrow 4OH^-$
となる。

問4 電子 e^- は,**負**極の**アルミニウムはく**から豆電球を通って,酸素 O_2 が反応している**木炭**へ流れる。

8 答

問1 正極:$2H^+ + 2e^- \longrightarrow H_2$
負極:$Zn \longrightarrow Zn^{2+} + 2e^-$
問2 ア:電圧計 イ:分極 ウ:減極剤または酸化剤

問1・2 **ボルタ電池**…亜鉛 Zn 板と銅 Cu 板を希硫酸に浸して導線で結んでつくった電池のこと。

Zn は Cu より陽イオンになりやすいので,Zn が Zn^{2+} になるとともに,亜鉛 Zn 板から銅 Cu 板に向かって電子 e^- が流れる。この流れてくる e^- を銅板の表面上で H^+ が受けとって H_2 が発生する。

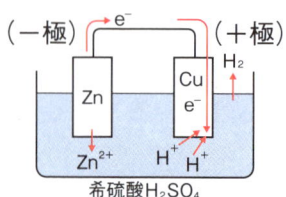

(−極): イオン反応式 $Zn \longrightarrow Zn^{2+} + 2e^-$
(+極): イオン反応式 $2H^+ + 2e^- \longrightarrow H_2$

ボルタ電池は放電を始めると起電力が1.1Vから0.4Vくらいに低下する。これを**電池の分極**という。分極を防ぐために使われるものを**減極剤**(減

極剤は酸化剤であり，酸化剤でも可）という。

⚠ 放電とは，電池から電流を取り出すこと，つまり電池を使うことをいう。

9 答　(1) (ア) 起電力　(イ) 電子　(ウ) 正または＋
　　　　　(エ) 負または－
　　　(2) 電極A：$2H^+ + 2e^- \longrightarrow H_2$
　　　　　電極B：$Zn \longrightarrow Zn^{2+} + 2e^-$
　　　(3) 1)
　　　(4) 2)

トタン…鉄Fe板の表面に亜鉛Znをめっきしたもの。

(1) 　AからBに電流が流れたので，BからAに電子e^-が流れている。よって，Bが負極（－極），Aが正極（＋極）とわかる。

(2) 　ボルタ電池と同じ反応が起こる。トタン中の亜鉛Znが亜鉛イオンZn^{2+}となり，オレンジジュースに含まれているクエン酸の水素イオンH^+が反応する。

(3) 　クエン酸のH^+が減少するために，酸性から中性に近づく。

(4) 　(オ)は電解質，(カ)は非電解質を選ぶ。
　　クエン酸は酸なのでH^+を放出できるため，電解質とわかる。塩化カリウムKClも電解質である。

イオン反応式　$KCl \longrightarrow \underset{\text{カリウムイオン}}{K^+} + \underset{\text{塩化物イオン}}{Cl^-}$

　　スクロースやグルコースは，水に溶けるが電離しない非電解質である。

Step 10 電気分解

問題▶本冊 p.080

1 答
(1) ア
(2) $CuCl_2 \longrightarrow Cu + Cl_2$
(3) 殺菌作用があるため。

(1) 水溶液中の Cu^{2+} が青色を示す。
(2) （－極）**イオン反応式** $Cu^{2+} + 2e^- \longrightarrow Cu$ …①
　　　　　　　　　　　　　　　　└ 2個のこと
　　（＋極）**イオン反応式** $2Cl^- \longrightarrow Cl_2 + 2e^-$ …②
　　①＋②より ◀ e^- を消去する
　　$Cu^{2+} + 2Cl^- + 2e^- \longrightarrow Cu + Cl_2 + 2e^-$
　　まとめると，**化学反応式** $CuCl_2 \longrightarrow Cu + Cl_2$
(3) 塩素 Cl_2 は水に少し溶け，その一部が反応して塩酸 HCl と次亜塩素酸 HClO を生じる。この水溶液を**塩素水**という。
化学反応式 $Cl_2 + H_2O \rightleftarrows HCl + HClO$
　　ここで生成する次亜塩素酸 HClO は酸化力が強いため，塩素水は漂白剤や殺菌剤として利用される。

2 答
問1　イ
問2　0.42g

問1　電極Aが－（陰）極，電極Bが＋（陽）極であり，塩化銅 $CuCl_2$ 水溶液の電気分解が起こる。
イオン反応式 $CuCl_2 \xrightarrow{電離する} Cu^{2+} + 2Cl^-$
　　　　　　　　　　　　　　　　↓　　　　↓
　　　　　　　　　　　　　　　銅 Cu　　塩素 Cl_2
　　　　　　　　　　　　　－（陰）極に付着する　　＋（陽）極で発生する
　　　　　　　　　　　　　└ 電極A　　　　　　　└ 電極B
よって，**イ**が正しい。

問2　塩化銅 $CuCl_2$ に含まれていた塩素 Cl は，
$$0.20\text{g 銅} \times \frac{11(\text{塩素の比})}{10(\text{銅の比})} = 0.22\,[\text{g}]$$
となる。
　　よって，電気分解された塩化銅は，
$$\underbrace{0.20\text{g}}_{銅} + \underbrace{0.22\text{g}}_{塩素} = \underbrace{0.42\,[\text{g}]}_{塩化銅}$$
となる。

3 答

問1 2HCl ⟶ H_2 + Cl_2

問2 ①イオン名：塩化物イオン　イオンの種類：陰イオン
　　　②電子

問1・2　塩酸は，次のように電離している。

イオン反応式　HCl ⟶ H^+ + Cl^-
　　　　　　　　　　　　水素イオン　塩化物イオン

この塩酸を電気分解すると，
陰極（−極）では，陽イオンである水素イオンH^+が電子e^-を1個受けとって水素原子Hとなり，それが2個集まって水素分子H_2が発生する。

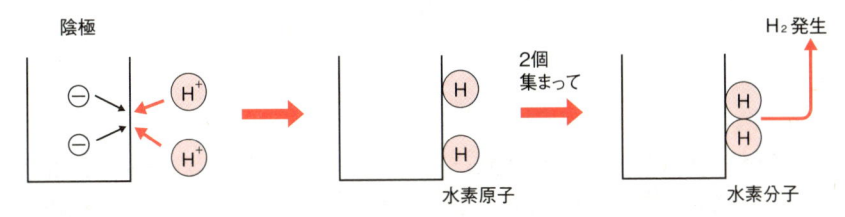

イオン反応式　$2H^+ + 2e^- \longrightarrow H_2$　…①

陽極（＋極）では，陰イオンである 塩化物イオン Cl^-が 電子 e^-を1個
　　　　　　　　　　　　　　　　　　あ　　　　　　　　　い
失って塩素原子Clとなり，それが2個集まって塩素分子Cl_2が発生する。

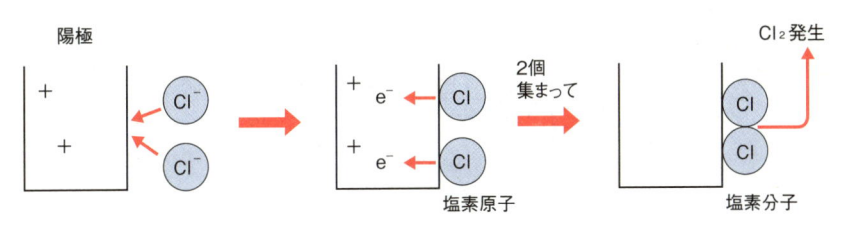

イオン反応式　$2Cl^- \longrightarrow Cl_2 + 2e^-$　…②

①+②より　◀ e^-を消去する
$2H^+ + 2Cl^- + \cancel{2e^-} \longrightarrow H_2 + Cl_2 + \cancel{2e^-}$

まとめると，**化学反応式**　2HCl ⟶ H_2 + Cl_2

4 答
問1 ②
問2 ③

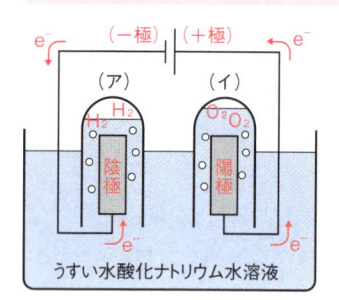

水酸化ナトリウムを溶かした水を電気分解すると，次の反応が起こる。

化学反応式 $2H_2O \longrightarrow 2H_2 + O_2$
（水）　　　　（水素・陰極で発生する）（酸素・陽極で発生する）

発生する気体の体積比は気体の種類によらず，同じ温度・同じ圧力の下では化学反応式の係数比となり，

$\underset{H_2(陰極)}{2} : \underset{O_2(陽極)}{1}$ ◂体積比＝係数比

となる。

問1 試験管（ア）の陰極で水素 H_2 が発生し，試験管（イ）の陽極で酸素 O_2 が発生する。その体積比は，

$\underset{陰極}{(ア)} : \underset{陽極}{(イ)} = H_2 : O_2 = 2 : 1$

問2 （ア）では，水素 H_2 が発生する。

参考 それぞれの電極では，次の①，②の反応が起こっている。
（水 H_2O が反応している）

（ア）陰極：イオン反応式 $2H_2O + 2e^- \longrightarrow H_2 + 2OH^-$ …①
（イ）陽極：イオン反応式 $4OH^- \longrightarrow O_2 + 2H_2O + 4e^-$ …②
（水酸化ナトリウム NaOH の OH^- が反応している）

①×2＋②より，◂e^- を消去する

化学反応式 $4H_2O + 4e^- + 4OH^- \longrightarrow 2H_2 + 4OH^- + O_2 + 2H_2O + 4e^-$
$2H_2O$
$2H_2O \longrightarrow 2H_2 + O_2$

5 答
問1 イ
問2 （図：○○ ○○ ／ ○○ ○○ と ●●● ●●●）（順不同）
問3 O_2

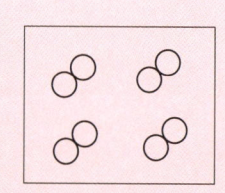

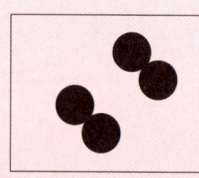

問1 電極Aは陰極（－極），電極Bは陽極（＋極）であり，水の電気分解が起こる。

化学反応式 $2H_2O \longrightarrow \underset{\text{電極Aで発生}}{2H_2} + \underset{\text{電極Bで発生}}{O_2}$

発生する気体の体積比は，

$\underset{A:H_2 \ B:O_2}{2:1}$ →例えば，H_2 が $40cm^3$ 発生すれば，O_2 が $20cm^3$ 発生することになる。

となり，グラフ：**イ**が正しい。（グラフ：アは，H_2 が $40cm^3$ のとき O_2 が $20cm^3$ より少なくなっているので不可）

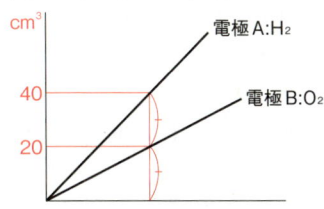

（グラフ：縦軸 cm^3，電極A：H_2 は傾きの大きい直線，電極B：O_2 は傾きの小さい直線で，H_2=40 のとき O_2=20）

問2 反応式をモデルに変えればよい。水 H_2O が4個になっている点に注意し，$4H_2O \longrightarrow 4H_2 + 2O_2$ と反応式を書きかえ，これをモデルでかく。

問3 陽極（＋極）である電極Bでは，酸素 O_2 が発生する。

6 答

問1 水
理由（例）水だけでは電流が流れない（にくい）ため。
問2 (1) H_2
(2)（例）気体Yは，気体Xや気体Zよりも水に溶けやすいといえる。
(3) イ
問3 $CuCl_2 \longrightarrow Cu + Cl_2$

問2 各実験装置では，それぞれ次の反応が起こる。

うすい水酸化ナトリウム $NaOH$ 水溶液を加えた水 $\begin{cases} 陰（-）極：2H_2O + 2e^- \longrightarrow H_2 + 2OH^- \\ 陽（+）極：4OH^- \longrightarrow O_2 + 2H_2O + 4e^- \end{cases}$

塩酸 HCl $\begin{cases} 陰（-）極：2H^+ + 2e^- \longrightarrow H_2 \\ 陽（+）極：2Cl^- \longrightarrow Cl_2 + 2e^- \end{cases}$

塩化銅 $CuCl_2$ 水溶液 $\begin{cases} 陰（-）極：Cu^{2+} + 2e^- \longrightarrow Cu \quad \cdots ① \\ 陽（+）極：2Cl^- \longrightarrow Cl_2 + 2e^- \quad \cdots ② \end{cases}$

表1より，実験装置Cの陰（－）極では気体が発生しないことから，陰（－）極でCuが析出する塩化銅 $CuCl_2$ 水溶液がCの溶液となり，気体Yが塩素 Cl_2 とわかる。よって，気体Yである塩素 Cl_2 が陽（＋）極で発生するAの溶液が塩酸 HCl とわかり，残ったBの溶液がうすい水酸化ナトリウム $NaOH$ 水溶液を加えた水とわかる。以上をまとめると，

	実験装置 A 塩酸 HCl₍₃₎	実験装置 B うすい水酸化ナトリウム NaOH 水溶液を加えた水₍₃₎	実験装置 C 塩化銅 CuCl₂ 水溶液
陰(−)極	X：水素 H_2	X：水素 H_2	気体は発生しない 銅 Cu が析出している
陽(+)極	Y：塩素 Cl_2	Z：酸素 O_2	Y：塩素 Cl_2

(1) Xは，水素 H_2 である。
(2) 塩酸 HCl を電気分解すると，水素 H_2 と塩素 Cl_2 が体積比1：1で発生する。ところが，実験装置Aの水面の高さを見ると陽(+)極で発生している塩素 Cl_2 の体積がいちじるしく小さい。よって，塩素 Cl_2 は水に溶けやすいことがわかる。

Cl_2 ➡ 水に溶けやすい。H_2, O_2 ➡ 水に溶けにくい。

問3　①+②からつくる。

7 答　問1　陰極：$Cu^{2+} + 2e^- \longrightarrow Cu$
　　　　　　　陽極：$2Cl^- \longrightarrow Cl_2 + 2e^-$
　　　問2　電子：(イ)　　電流：(ロ)

塩化銅(Ⅱ) $CuCl_2$ 水溶液を電気分解すると，次のように電子 e^- が流れる。電子の流れる方向と電流の流れる方向は逆になる。

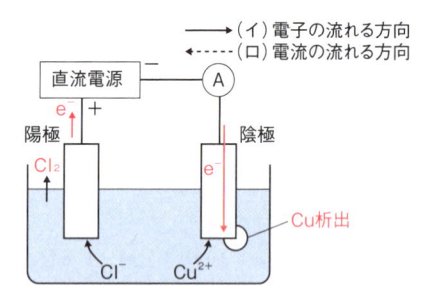

8 答　(1)　電極A：$2Cl^- \longrightarrow Cl_2 + 2e^-$
　　　　　　　電極B：$2H_2O + 2e^- \longrightarrow H_2 + 2OH^-$
　　　　　　　全体の反応：$2NaCl + 2H_2O \longrightarrow Cl_2 + H_2 + 2NaOH$
　　　(2)　次亜塩素酸
　　　(3)　$CuO + H_2 \longrightarrow Cu + H_2O$

電気分解では，電池の負極(−極)とつないだ電極を陰極(−極)，正極(+極)とつないだ電極を陽極(+極)というので，

陽極はココ　電池（+）（−）　陰極はココ
飽和塩化ナトリウム水溶液　　水酸化ナトリウム水溶液
（+）e⁻　e⁻（−）
（電極A）（電極B）

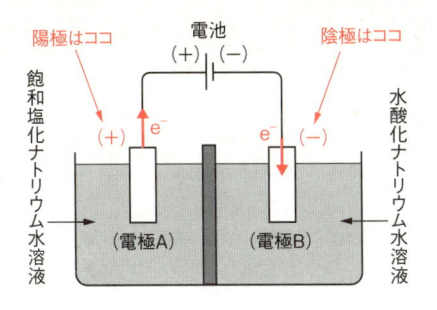

電極Aが陽極（+極），電極Bが陰極（−極）となる。
　電極Aでは，飽和塩化ナトリウム NaCl 水溶液が電気分解され，
　　A（陽極）[イオン反応式] $2Cl^- \longrightarrow Cl_2 + 2e^-$　…①
　　　　　　　　　　　　　　　　　気体（ア）
の反応が起こる。また，電極Bでは，水酸化ナトリウム NaOH 水溶液が電気分解され，
　　B（陰極）[イオン反応式] $2H_2O + 2e^- \longrightarrow H_2 + 2OH^-$　…②
　　　　　　　　　　　　　　　　　　　　　気体（イ）
の反応が起こる。
　よって，白金電極Aからは塩素 Cl_2（気体（ア））が，白金電極Bからは水素 H_2（気体（イ））がそれぞれ発生する。

(1) 電極Aでは①の反応が，電極Bでは②の反応が起こる。また，両極で起こる反応を合わせた全体の反応の化学反応式は，①+②より e^- を消去して
[イオン反応式] $2Cl^- + 2H_2O \longrightarrow Cl_2 + H_2 + 2OH^-$
とし，このイオン反応式の両辺に $2Na^+$ をそれぞれ加えてつくる。
[化学反応式] $2NaCl + 2H_2O \longrightarrow Cl_2 + H_2 + 2NaOH$

(2) 塩素 Cl_2（気体（ア））を水に溶かすと，その一部は水と反応し，
[化学反応式] $Cl_2 + H_2O \rightleftarrows HCl + HClO$
　　　　　　　　　　　　　　塩酸　次亜塩素酸
となり，ここで生成する 次亜塩素酸 HClO は非常に強い酸化力を示す。

(3) 空気中での加熱で，銅 Cu 線は酸素 O_2 と反応して，
　　　　銅　+　酸素　→　酸化銅（Ⅱ）
[化学反応式] $2Cu + O_2 \longrightarrow 2CuO$
　　　　　　　　　　　　　　　　（黒色）
となり，黒色の酸化銅（Ⅱ）CuO が生成するため，表面が黒色になる。
　この表面が黒色になった銅線と水素 H_2（気体（イ））を加熱しながら反応させると，
　　　酸化銅（Ⅱ）　+　水素　→　銅　+　水
[化学反応式] $CuO + H_2 \longrightarrow Cu + H_2O$
の反応が起こり，もとの銅 Cu に戻る。

Step 11 物質の推定

問題▶本冊 p.087

1 答
- 問1 うすい塩酸
- 問2 イ，エ
- 問3 起こった反応：中和　1滴め：○　2滴め：○
　　　3滴め：○　4滴め：○　5滴め：×
- 問4 ブドウ糖溶液
- 問5 電池(化学電池)

　実験①より，DだけBTB液が黄色になったので，Dは酸性を示すうすい塩酸となる。実験②より，Dのうすい塩酸はうすい水酸化ナトリウム水溶液4滴で緑色に変色したため，ここで中和が完了したとわかる。実験③より，BとCは黒く焦げたために有機物であるデンプン溶液かブドウ糖溶液となり，Aは白い粒が残ったために食塩水となる。実験④より，AとDは電解質溶液，BとCは非電解質とわかる。ここまでで，A～Dは次のように決まる。
A：食塩 NaCl 水　D：うすい塩酸 HCl
B：デンプン溶液またはブドウ糖溶液　C：デンプン溶液またはブドウ糖溶液

- 問1　Dは，うすい塩酸。
- 問2　ア(誤り)こまごめピペットは図のようにもつ。
　　　イ(正しい)ガラスは，割れやすいので注意する。
　　　ウ(誤り)液体がゴム球に入り，ゴムがいたん
　　　　　　　でしまう。
　　　エ(正しい)

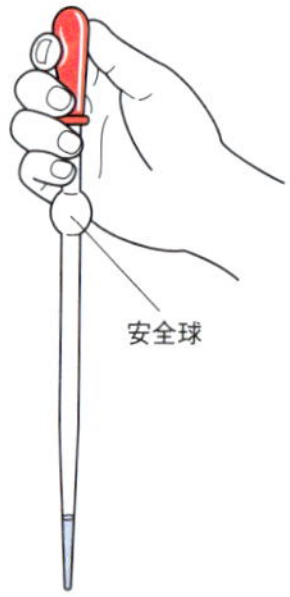

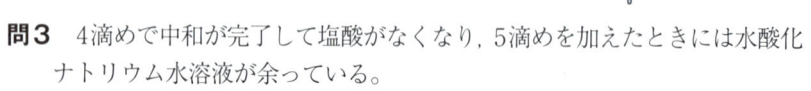

（図：こまごめピペット　安全球）

- 問3　4滴めで中和が完了して塩酸がなくなり，5滴めを加えたときには水酸化ナトリウム水溶液が余っている。
- 問4　ブドウ糖溶液は，フェーリング溶液を加えて加熱すると酸化銅(Ⅰ) Cu_2O の赤褐色の沈殿を生じる。デンプン溶液では沈殿を生じない。
　　　よって，
　　　　A：食塩 NaCl 水　D：うすい塩酸 HCl
　　　　B：ブドウ糖溶液　C：デンプン溶液　　と決まる。
- 問5　(化学)電池という。

2 答
①沸点　②低く　③ガソリン

　このように，沸点 の違いを利用して，液体の混合物に含まれる成分を分離す
　　　　　　　①

ることを**分留**という。
　図を見ると，上の棚ほど温度が 低く なっていることがわかる。
②
　また，自動車の燃料に利用されるのは ガソリン 。
③

3 答　A：炭素　　B：水素（A, Bは順不同）

┌─有機物─┐　　　　　　　二酸化炭素 CO_2
│CやHを含む│ 完全燃焼→　　　　　　　　　　　になる
└──────┘　　　　　　　水 H_2O

4 答　①（例）メスシリンダーに水を入れ，その中に物体を沈め，増えた分
　　　　の目盛りを読みとる。
　　　②ウ，エ
　　　③状態変化

表1より，質量はA＞C＞Bの順になる。
表2の密度［g/cm^3］より，$1cm^3$あたりで考えると，

　　銅 Cu　　　鉄 Fe　　　アルミニウム Al
　　8.96g　＞　7.87g　＞　2.70g
　　　↓　　　　↓　　　　　↓
　　　A　＞　　C　＞　　　B　　　　◀A～Cはすべて同じ体積とあるので

となり，Aは銅 Cu，Cは鉄 Fe，Bはアルミニウム Al とわかる。
②　ア（誤り）Aは銅，Bはアルミニウム。
　　イ（誤り）Cは鉄なので，表2から融点は1536℃。1100℃では融点には
　　　　　　達していないので，固体である。
　　ウ（正しい）Bはアルミニウムなので，表2から沸点が2520℃。よって，
　　　　　　　2700℃では沸点に達しており気体となっている。
　　エ（正しい）表2からAの銅の密度は，$8.96g/1cm^3$，
　　　　　　　Cの鉄の密度は，$7.87g/1cm^3$，
　　　　　　　よって，1gあたりの体積［cm^3］はそれぞれ

　　　　　　　　A　$\dfrac{1cm^3}{8.96g} ≒ 0.11cm^3/1g$

　　　　　　　　C　$\dfrac{1cm^3}{7.87g} ≒ 0.12cm^3/1g$

となり，1gあたりの体積はCの方が大きい。
③　固体 ⇄ 液体 ⇄ 気体の変化は，状態変化。

Step 12 物質のなりたち

問題▶本冊 p.091

1 答 原子

ドルトンは,「物質はそれ以上分割できない小さな粒,原子からできている」という原子説をとなえた。

2 答 ウ

中学理科では,19世紀の初めにドルトンがとなえた原子説(ア〜エの解説参照)を原子の性質として学ぶ。

ア(誤 り)原子は,種類が同じであれば質量は等しく,種類が異なれば質量も異なる。

イ(誤 り)原子は,種類が異なれば,大きさが異なる。

ウ(正しい)原子は,化学反応によってそれ以上分割することができない。

エ(誤 り)原子は,化学反応によってほかの種類の原子に変わったり,なくなったり,新しくできたりしない。

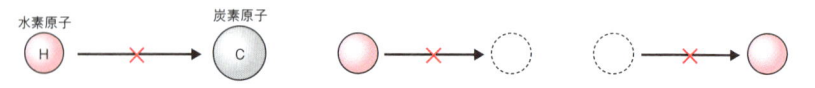

3 答 単体

物質 ─┬─ 純物質 ─┬─ 単体…例 鉄 Fe,硫黄 S
　　　│　　　　　└─ 化合物…例 硫化鉄 FeS,塩化銅 $CuCl_2$
　　　└─ 混合物…例 塩化銅水溶液

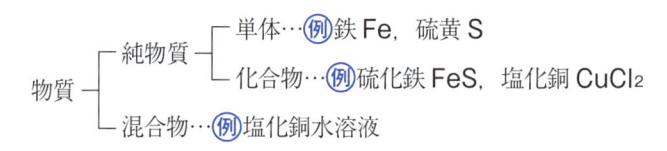

4 答 化合物

$CuCl_2$ 化合物（2種類以上の原子からなる）
Cu, Cl_2 単体（1種類の原子からなる）

5 答 (ア)

炭酸水素ナトリウム $NaHCO_3$ は，ナトリウム原子 Na 1個，水素原子 H 1個，炭素原子 C 1個，酸素原子 O 3個の4種類，$1+1+1+3=6$ 個の原子からできている。

　　Na, H, C, O, O, O　◂ $NaHCO_3$ のなりたち

結晶をつくっている原子6個のうちの酸素原子 O は3個なので，その割合は $\dfrac{3}{6} = \dfrac{1}{2}$ である。

6 答 窒素原子，水素原子

アンモニア NH_3 は，窒素原子 N と水素原子 H からできている。

7 答 (1) 化合物　(2) イ

(1) エタノールは分子式 C_2H_6O の化合物。
(2) アの O_2，ウの CO_2，エの H_2O は分子をつくるが，イの CuO や NaCl は分子をつくらない。（別冊 p.014 参照）

8 答 エ

酸化銅 CuO は，分子をつくらない物質であり，化合物でもある。

9 答 (1) イ　(2) ○C○　○C○
　　　　　　　（分子どうしが離れていればよい）

(1) ア～エは表のように分類できる。酸化銅 CuO は分子をつくらない化合物であり，同じように分類されるのは**イ**の塩化ナトリウム NaCl。

	分子をつくる物質	分子をつくらない物質
単体	アの窒素 N_2	エの銀 Ag
化合物	ウの水 H_2O	イの塩化ナトリウム NaCl

(2) 気体になると分子間の距離は，固体のときよりもはるかに大きくなる。

10 答 (あ)陽子　(い)中性子　(う)原子番号　(え)質量数　(お)同位体

原子は，中心部の原子核とそれをとりまく電子から構成され，原子核は**陽子**(あ)（正の電荷をもつ）と**中性子**(い)（電荷をもたない）からできている。それぞれの元素では陽子の数が異なっているため，その数を**原子番号**(う)とよぶ。原子番号は，元素記号の左下に書く。

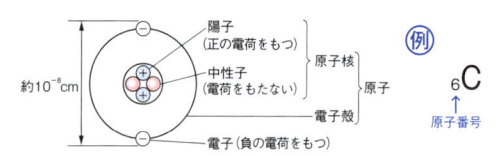

● 原子番号＝陽子の数＝電子の数

原子核に含まれる**陽子**(あ)の数と**中性子**(い)の数の和を**質量数**(え)という。質量数は，元素記号の左上に書く。

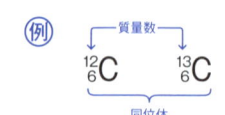

質量数＝陽子の数＋中性子の数

原子番号が同じで，質量数の異なる原子を互いに**同位体**(お)といい，同位体の化学的性質はほぼ同じである。

11 答 (2), (3)

(1) (誤り) 同位体は中性子の数が異なるため，その質量は異なる。
(2) (正しい)
(3) (正しい) 同位体は，中性子の数，質量数が異なる。原子番号は同じ。
(4) (誤り) 同位体は，中性子の数が異なる。

Step 13 単位変換

問題▶本冊 p.095

1 答
(1) 3×10^3m, 3×10^5cm
(2) 3×10^3kg, 3×10^6g
(3) 3×10^3L, 3×10^6mL
(4) 180分, 10800秒

(1) 1km = 1000m = 10^3m なので，km から m へ変換すると ◀ k（キロ）＝10^3を表す

$$3\text{km} \times \frac{10^3\text{m}}{1\text{km}} = 3\times10^3\,[\text{m}] \text{ となり，}$$

(km を消去して m を残す)

1m = 100cm = 10^2cm より km から cm へ変換すると

$$3\text{km} \times \frac{10^3\text{m}}{1\text{km}} \times \frac{10^2\text{cm}}{1\text{m}} = 3\times10^5\,[\text{cm}] \text{ となる。}$$

ここで km を消去　ここで m を消去　　cm を残す

(2) 1t = 1000kg = 10^3kg から $\quad 3\text{t} \times \dfrac{10^3\text{kg}}{1\text{t}} = 3\times10^3\,[\text{kg}]$ となり，

1kg = 1000g = 10^3g から $\quad 3\text{t} \times \dfrac{10^3\text{kg}}{1\text{t}} \times \dfrac{10^3\text{g}}{1\text{kg}} = 3\times10^6\,[\text{g}]$ となる。

(3) 1m = 10^2cm なので，3m^3 は

$$3\text{m}^3 \times \left(\frac{10^2\text{cm}}{1\text{m}}\right)^3 = 3\text{m}^3 \times \frac{10^6\text{cm}^3}{1\text{m}^3} = 3\times10^6\,[\text{cm}^3]$$

(m^3 を消去するので3乗する)

となり，1cm^3 = 1mL より $\quad 3\times10^6$cm^3 は

覚える!!

$$3\times10^6\text{cm}^3 \times \frac{1\text{mL}}{1\text{cm}^3} = 3\times10^6\,[\text{mL}] \text{ となる。}$$

また，1L = 1000mL = 10^3mL より，$\quad 3\times10^6\text{mL} \times \dfrac{1\text{L}}{10^3\text{mL}} = 3\times10^3\,[\text{L}]$
となる。

(4) 1時間 = 60分 なので，$3\text{時間} \times \dfrac{60\text{分}}{1\text{時間}} = 180\,[\text{分}]$ となり，

1分 = 60秒 より，$180\text{分} \times \dfrac{60\text{秒}}{1\text{分}} = 10800\,[\text{秒}]$ となる。

2 答 (1) 1.8g　(2) 100cm³

(1)　0.91g/1cm³ を $\dfrac{0.91g}{1cm^3}$ と表し，次のように求める。

$$2.0cm^3 \times \dfrac{0.91g}{1cm^3} = 1.82[g]$$

cm³を消去する　　小数第1位までなので，第2位を四捨五入する

(2)　g から cm³ への変換なので

$$g \div \dfrac{g}{cm^3} \quad つまり \quad g \times \dfrac{cm^3}{g} \quad を計算すればよい。$$

$$91g \div 0.91g/1cm^3 = 91g \times \dfrac{1cm^3}{0.91g} = 100[cm^3]$$

3 答 (1) 720m　(2) 16秒後

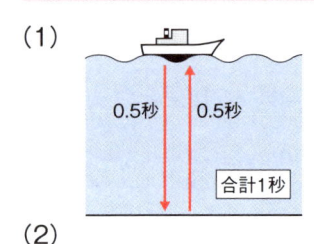

(1)　海面から海底まで0.5秒かかったので，海の深さは，

$$\dfrac{1440m}{1秒} \times 0.5秒 = 720[m]$$

海面→海底（海の深さ）

(2)

音の伝わる速さは，空気中340m/秒なので，空気中を伝わってくる噴火音は，7200m 離れた船では噴火してから

$$7200m \div \dfrac{340m}{1秒} = 7200m \times \dfrac{1秒}{340m} = \dfrac{360}{17} 秒後$$

に聞こえる。
　また，海水中では1440m/秒の速さで音が伝わるため，海水中を伝わってくる噴火音は，噴火してから

$$7200m \div \dfrac{1440m}{1秒} = 7200m \times \dfrac{1秒}{1440m} = 5秒後$$

に聞こえる。
　よって，船では，海水中を伝わってきた噴火音がとどいてから，空気中では

$$\frac{360}{17} - 5 \fallingdotseq 16.2 \,[秒]$$

（空気中（遅い）　海水中（速い）　小数第1位を四捨五入する）

後に空気中を伝わってくる噴火音が聞こえる。

4 答　144g

圧力

$$圧力\,[N/m^2] = \frac{力の大きさ\,[N]}{力を受ける面積\,[m^2]}$$
$$= 力の大きさ\,[N] \div 力を受ける面積\,[m^2]$$

　力の大きさの単位はニュートン [N] で，本問では1Nを「100gの物体にはたらく重力の大きさ」とする。
　板Aで，力を受ける面積は，

$$10\,\text{cm} \times \frac{1\,\text{m}}{10^2\,\text{cm}} \times 10\,\text{cm} \times \frac{1\,\text{m}}{10^2\,\text{cm}} = \frac{1}{100}\,[\text{m}^2]$$

（縦[m]　横[m]）

となり，水400gにはたらく重力の大きさは，

$$400\,\text{g} \times \frac{1\,\text{N}}{100\,\text{g}} = 4\,[\text{N}]$$

そのため，図2でスポンジに加わった圧力の大きさは

$$4\,\text{N} \div \frac{1}{100}\,\text{m}^2 = 400\,[\text{N/m}^2]$$

（力の大きさ[N]　力を受ける面積[m²]）

また，紙コップに入れる水を x g とすると，図3でスポンジに加わった圧力の大きさは，

$$\left\{ x\,\text{g} \times \frac{1\,\text{N}}{100\,\text{g}} \right\} \div \left\{ 6\,\text{cm} \times \frac{1\,\text{m}}{10^2\,\text{cm}} \times 6\,\text{cm} \times \frac{1\,\text{m}}{10^2\,\text{cm}} \right\} = \frac{100}{36} x\,[\text{N/m}^2]$$

（力の大きさ[N]　縦[m]　横[m]　力を受ける面積[m²]）

板Aと板Bの圧力は，同じ大きさになるので

$$400\,\text{N/m}^2 = \frac{100}{36} x\,\text{N/m}^2$$

$$x = 144\,[\text{g}]$$

⚠ 圧力の単位として [N/cm²] を使ってもよい。ここでは，受験化学でよく使われる [N/m²] = [Pa] を使っている。

5 **答** 問1　$2H_2 + O_2 \longrightarrow 2H_2O$
　　　　問2　0.044g

問2　水素 H_2 と酸素 O_2 が化合する場合，その体積比は

$$2:1 \quad \blacktriangleleft 化学反応式の係数比になる$$

なので，酸素 O_2 30cm³ と化合する水素 H_2 の体積は

$$30 \times \frac{2}{1} \begin{array}{l}\leftarrow 水素 \\ \leftarrow 酸素\end{array} = 60 \text{cm}^3$$

となり，水素 H_2 と酸素 O_2 は過不足なく反応することがわかる。

反応した水素 H_2 の質量は，

$$60\text{cm}^3 \times \frac{0.008\text{g}}{100\text{cm}^3} = 0.0048 \, [\text{g}]$$

となり，反応した酸素 O_2 の質量は，

$$30\text{cm}^3 \times \frac{0.13\text{g}}{100\text{cm}^3} = 0.039 \, [\text{g}]$$

質量保存の法則から，化合した水素 H_2 と酸素 O_2 の質量の合計が生成する水 H_2O の質量となる。よって，

$$\underbrace{0.0048\text{g}}_{水素の質量} + \underbrace{0.039\text{g}}_{酸素の質量} = \underbrace{0.0438 \to 0.044 \, [\text{g}]}_{生成する水の質量} \quad \blacktriangleleft 小数第4位を四捨五入する$$

6 **答**　名称：水素　　質量：1g

水素 H_2 6g と反応する酸素 O_2 は，

$$6\text{g H}_2 \times \frac{32\text{g O}_2}{4\text{g H}_2} = 48\text{g O}_2 \quad \cdots 反応させた酸素 O_2 は 40g なので不足する。$$

（↑ 4g の H_2 あたり 32g の O_2 が反応するので）

酸素 O_2 40g と反応する水素 H_2 は，

$$40\text{g O}_2 \times \frac{4\text{g H}_2}{32\text{g O}_2} = 5\text{g H}_2 \quad \cdots 反応させた水素 H_2 は 6g なので不足しない。$$

（↑ 32g の O_2 あたり 4g の H_2 が反応するので）

よって，水素 H_2 5g と酸素 O_2 40g が反応したことがわかり，H_2 が 6g − 5g = 1 [g] 余ることがわかる。

7 答 0.062%

気体の水が $1L = 1000mL = 10^3mL$ あったとすると，密度が $0.598g/L$ なので，その質量は

$$1\cancel{L} \times \frac{0.598g}{1\cancel{L}} = 0.598\,[g]$$

となる。気体の水 $0.598g$ は液体の水になっても質量は $0.598g$ のままであり，液体の水の密度は $0.958g/cm^3$ なので，液体の水 $0.598g$ の体積は

$$0.598g \div \frac{0.958g}{\cancel{1cm^3}\,1mL} = 0.598\cancel{g} \times \frac{1mL}{0.958\cancel{g}} \fallingdotseq 0.624\,[mL]$$

（$1cm^3 = 1mL$ より）

となる。よって，液体の水の体積はもとの気体の水の体積のときの

$$\frac{\text{液体の水の体積}\,0.624mL}{\text{気体の水の体積}\,10^3mL} \times 100 = 0.062\cancel{4}\,[\%]$$

↑ 気体の水は $1L=10^3mL$ なので
└ 小数第3位まで求めるので第4位を四捨五入する

となる。

8 答 ア

エアコン1台について，暖房の設定温度を1℃低くすると
 1時間あたり $126kJ$ のエネルギーを削減できるので ➡ $\dfrac{126kJ}{1\text{時間}}$

と表せ，
 1日あたり9時間暖房を使うので ➡ $\dfrac{9\text{時間}}{1\text{日}}$

$3600kJ$ のエネルギーを削減すると，
 二酸化炭素 CO_2 $0.39kg$ を削減できるので ➡ $\dfrac{0.39kg}{3600kJ}$

と表すことができる。
 エアコン1台について，年間169日暖房の設定温度を1℃低く設定すると

$$169\cancel{\text{日}} \times \frac{9\cancel{\text{時間}}}{1\cancel{\text{日}}} \times \frac{126\cancel{kJ}}{1\cancel{\text{時間}}} \times \frac{0.39kg}{3600\cancel{kJ}} = \frac{169 \times 9 \times 126 \times 0.39}{3600}\,[kg]$$

の二酸化炭素 CO_2 の排出量を削減できる。

原子量・分子量・式量

問題▶本冊 p.100

1 答 24.32

^{24}Mg : 24.00 ^{25}Mg : 25.00 ^{26}Mg : 26.00
　78.99%　　　　　10.00%　　　　　11.01%

$$24.00 \times \frac{78.99}{100} + 25.00 \times \frac{10.00}{100} + 26.00 \times \frac{11.01}{100} ≒ 24.32$$

2 答 ア：③　イ：③
　　a：同位体

塩素には，^{35}Cl : 34.97 と ^{37}Cl : 36.97 の2種類の 同位体 が存在する。
　　　　　　75.77%　　　　24.23%

塩素の原子量は，

$$34.97 \times \frac{75.77}{100} + 36.97 \times \frac{24.23}{100} ≒ \boxed{35.45}_ア$$

塩素の単体 Cl$_2$ には，質量の異なる
　^{35}Cl – ^{35}Cl　　^{35}Cl – ^{37}Cl　　^{37}Cl – ^{37}Cl
の $\boxed{3}_イ$ 種類の分子が存在する。

3 答 ^{63}Cu : 75%, ^{65}Cu : 25%

銅の同位体　^{63}Cu : 63,　^{65}Cu : 65
　　　　　　（質量数）　　　　（相対質量は質量数と同じとあるので）
　　　　　　存在比 x %とおく　存在比 $100-x$ %となる

よって，銅の原子量が63.5なので次の式が成り立つ。

$$63 \times \frac{x}{100} + 65 \times \frac{100-x}{100} = 63.5$$

$$\frac{63}{100}x - \frac{65}{100}x + 65 \times \frac{100}{100} = 63.5$$

$$65 - 0.020x = 63.5$$

$$x = 75$$

よって，存在比はそれぞれ ^{63}Cu : x = 75%, ^{65}Cu : $100 - x$ = 25%

4 答 ④

> 式量…イオンやイオンからなる化合物,および金属のように分子を単位としない物質に用いる。
> (例) ①NaOH ②C ③NH_4NO_3(NH_4^+とNO_3^-からなる)
> ⑤Al_2O_3(Al^{3+}とO^{2-}からなる) ⑥Au
> 分子量…O_2やH_2Oなどのように分子を単位とする物質に用いる。
> (例) ④NH_3

5 答 ⑤

フッ素F_2:分子量は,$19.0 \times 2 = 38.0$

フッ化水素 HF:分子量は,$1.0 + 19.0 = 20.0$

ネオン Ne:希ガス(ヘリウム He やネオン Ne など)は,単原子分子として存在する。よって,分子量=原子量=20.2 となる。

硫化水素 H_2S:分子量は,$1.0 \times 2 + 32.1 = 34.1$

よって,分子量の大小関係は,

$$\underset{(20.0)}{\text{フッ化水素 HF}} < \underset{(20.2)}{\text{ネオン Ne}} < \underset{(34.1)}{\text{硫化水素 } H_2S} < \underset{(38.0)}{\text{フッ素 } F_2}$$

の⑤が正しい。

6 答 ②

他の原子と結合をつくるとき,炭素原子は $-\overset{|}{\underset{|}{C}}-$,ケイ素原子も $-\overset{|}{\underset{|}{Si}}-$ となり,塩素原子は $-Cl$ となる($-$ を価標とよぶ)。この元素(→ X とする)は,炭素 C やケイ素 Si と同族なので

　　　　　周期表で同じ族(縦の列)のこと

$$-\overset{|}{\underset{|}{X}}-$$

と考えられ,塩素との化合物は $Cl-\overset{Cl}{\underset{Cl}{X}}-Cl$ となる。

よって,XCl_4 の分子量は,X の原子量を x とおくと

$$\underbrace{x}_{Xの原子量} + \underbrace{35.5}_{Clの原子量} \times 4 = 215$$

$$x = 73$$

Step 15 物質量 [mol]

1 答 ⑤

a 標準状態における体積についての出題なので，22.4L/mol を利用する。
よって，

$$11.2\text{L} \div 22.4\text{L/mol} = 11.2\text{L} \times \frac{1\text{mol}}{22.4\text{L}} = 0.500 \, [\text{mol}]$$

b a と同様に，22.4L/mol を利用する。
よって，

$$22.4\text{L} \div 22.4\text{L/mol} = 22.4\text{L} \times \frac{1\text{mol}}{22.4\text{L}} = 1.00 \, [\text{mol}]$$

c メタノール CH_3OH の分子量

$$\underbrace{12.0}_{C} + \underbrace{1.00}_{H} \times 3 + \underbrace{16.0}_{O} + \underbrace{1.00}_{H} = 32.0 \quad \text{を} \, 32.0\text{g/mol} \, \text{と書く。}$$

よって，$32.0\text{g} \div 32.0\text{g/mol} = 32.0\text{g} \times \dfrac{1\text{mol}}{32.0\text{g}} = 1.00 \, [\text{mol}]$

d ベンゼン C_6H_6 の分子量

$$\underbrace{12.0}_{C} \times 6 + \underbrace{1.00}_{H} \times 6 = 78.0 \quad \text{を} \, 78.0\text{g/mol} \, \text{と書く。}$$

よって，$26.0\text{g} \div 78.0\text{g/mol} = 26.0\text{g} \times \dfrac{1\text{mol}}{78.0\text{g}} \fallingdotseq 0.333 \, [\text{mol}]$

e 酢酸 CH_3COOH の分子量

$$\underbrace{12.0}_{C} + \underbrace{1.00}_{H} \times 3 + \underbrace{12.0}_{C} + \underbrace{16.0}_{O} \times 2 + \underbrace{1.00}_{H} = 60.0 \quad \text{を} \, 60.0\text{g/mol} \, \text{と書く。}$$

よって，$15.0\text{g} \div 60.0\text{g/mol} = 15.0\text{g} \times \dfrac{1\text{mol}}{60.0\text{g}} = 0.250 \, [\text{mol}]$

まとめると，

$$\underset{0.250\text{mol}}{e} < \underset{0.333\text{mol}}{d} < \underset{0.500\text{mol}}{a} < \underset{1.00\text{mol}}{b} = \underset{1.00\text{mol}}{c}$$

↑ 物質量 [mol] が最も小さい

2 答 ⑤

標準状態における体積なので，22.4L/mol を利用する。

① H_2 の分子量 2.0 を 2.0g/mol と書く。
よって，H_2 2.0g の標準状態における体積は，

$$2.0\overline{g} \times \frac{1 \overline{mol}}{2.0 \overline{g}} \times \frac{22.4 \text{L}}{1 \overline{mol}} = 22.4 \, [\text{L}]$$

H_2 [g] H_2 [mol] H_2 [L]

❷ 標準状態で20Lの **He**。

❸ CO_2 の分子量44を44g/molと書く。
　　よって，CO_2 88gの標準状態における体積は，

$$88\overline{g} \times \frac{1 \overline{mol}}{44 \overline{g}} \times \frac{22.4 \text{L}}{1 \overline{mol}} = 44.8 \, [\text{L}]$$
CO_2 [g] CO_2 [mol] CO_2 [L]

❹ N_2 の分子量28を28g/molと書く。
　　よって，混合気体の標準状態における体積は，

$$\underbrace{28\overline{g} \times \frac{1 \overline{mol}}{28 \overline{g}} \times \frac{22.4 \text{L}}{1 \overline{mol}}}_{N_2 \,[\text{L}]} + \underbrace{5.6 \text{L}}_{O_2\,[\text{L}]} = 28 \, [\text{L}]$$

❺ CH_4 2.5molの標準状態における体積は，

$$2.5 \overline{mol} \times \frac{22.4 \text{L}}{1 \overline{mol}} = 56 \, [\text{L}]$$

まとめると，

　　❷ < ❶ < ❹ < ❸ < ❺
　 20L　22.4L　28L　44.8L　56L
　　　　　　　　　　　　　　　↑
　　　　　　　　　　　　体積が最も大きい

3 答　(1) (エ)　(2) (ア)

(1) CH_4 の分子量：$\underbrace{12}_{C} + \underbrace{1.0}_{H} \times 4 = 16$ なので　16g/mol，

　　標準状態では22.4L/molと書ける。
　　よって，

$$5.6\overline{L} \times \frac{1 \overline{mol}}{22.4 \overline{L}} \times \frac{16 \text{g}}{1 \overline{mol}} = 4.0 \, [\text{g}]$$
CH_4 [L] CH_4 [mol] CH_4 [g]

(2) H_2O の分子量：$\underbrace{1.0}_{H} \times 2 + \underbrace{16}_{O} = 18$ なので　18g/mol，

　　アボガドロ定数6.0×10^{23}/molは6.0×10^{23}個/molと書ける。
　　よって，

$$\frac{18 \text{g}}{1 \overline{mol}} \times \frac{1 \overline{mol}}{6.0 \times 10^{23} \text{個}} = 3.0 \times 10^{-23} \, [\text{g/個}] \text{ となる。}$$
　　　　　　　　　　　　　　　↑ g/個…1個あたりの質量 [g]

4 答　(イ)＞(ア)＞(オ)＞(エ)＞(ウ)

密度[g/L]つまり g÷L を求めればよい。

分子量 M の気体の標準状態における密度 d [g/L] は，分子量が M なので M g/mol，標準状態なので 22.4L/mol より

d [g/L]

$= \dfrac{M\text{g}}{1\text{mol}} \div \dfrac{22.4\text{L}}{1\text{mol}}$

$= \dfrac{M\text{g}}{1\text{mol}} \times \dfrac{1\text{mol}}{22.4\text{L}}$

$= \dfrac{M}{22.4\text{L}}$ [g/L]

となるので，密度 d と分子量 M は比例する（分子量 M の大きな気体ほど密度 d が大きくなる）。

よって，密度の大きなものから順番に並べると次のようになる。

	(イ) ＞	(ア) ＞	(オ) ＞	(エ) ＞	(ウ)
	Cl_2	CO_2	Ar	O_2	CH_4
分子量	71	44	40	32	16

5 答　2.93×10^{24} 個

$$50.0\text{cm}^3 \times \dfrac{10.5\text{g}}{1\text{cm}^3} \times \dfrac{1\text{mol}}{108\text{g}} \times \dfrac{6.02 \times 10^{23}\text{個}}{1\text{mol}} \fallingdotseq 2.93 \times 10^{24} [\text{個}]$$

　　　Ag [cm³]　　Ag [g]　　Ag [mol]　　Ag [個]

6 答　1.2×10^{24} 個

H_2O の分子量は 18.0

$$18.0\text{g} \times \dfrac{1\text{mol}}{18.0\text{g}} \times \dfrac{6.02 \times 10^{23}\text{個}}{1\text{mol}} \times \dfrac{\text{H 2個}}{\text{H}_2\text{O 1個}} \fallingdotseq 1.2 \times 10^{24} [\text{個}]$$

　H₂O [g]　　H₂O [mol]　　H₂O [個]　　H [個]
　　　　　　　　　　　　　　H₂O 1個中には，
　　　　　　　　　　　　　　H は 2 個ある

7 答　(ウ)

エタノール C_2H_5OH 1個中の原子は，C 原子が2個，H 原子が6個，O 原子が1個の合計 $2+6+1=9$ 個である。

6.0×10^{23} 個/mol より，エタノール 0.50mol は，

$$0.50 \underset{\text{C}_2\text{H}_5\text{OH [mol]}}{\text{mol}} \times \underset{\text{C}_2\text{H}_5\text{OH [個]}}{\frac{6.0 \times 10^{23} \text{個}}{1 \text{mol}}} \times \underset{\text{原子 [個]}}{\frac{\text{原子 9 個}}{\text{C}_2\text{H}_5\text{OH 1 個}}} = 2.7 \times 10^{24} \text{[個]}$$

C₂H₅OH 1個中には 9個の原子がある

8 答
水素原子：0.80mol, 0.80g, 4.8×10^{23} 個
硫黄原子：0.40mol, 13g, 2.4×10^{23} 個

H 原子については，H = 1.0 より，

H₂S 1個中にHは2個つまりH₂S 6.0×10²³個(1mol)中にHは2×6.0×10²³(2mol)ある

$$0.40 \underset{\text{H}_2\text{S [mol]}}{\text{mol}} \times \underset{\text{H [mol]}}{\frac{\text{H 2mol}}{\text{H}_2\text{S 1mol}}} = 0.80 \text{[mol]}$$

$$0.80 \underset{\text{H [mol]}}{\text{mol}} \times \underset{\text{H [g]}}{\frac{1.0\text{g}}{1\text{mol}}} = 0.80 \text{[g]}$$

$$0.80 \underset{\text{H [mol]}}{\text{mol}} \times \underset{\text{H [個]}}{\frac{6.0 \times 10^{23} \text{個}}{1 \text{mol}}} = 4.8 \times 10^{23} \text{[個]}$$

S 原子については，S = 32 より，

H₂S 1個中にSは1個つまりH₂S 1mol中にSは1molある

$$0.40 \underset{\text{H}_2\text{S [mol]}}{\text{mol}} \times \underset{\text{S [mol]}}{\frac{\text{S 1mol}}{\text{H}_2\text{S 1mol}}} = 0.40 \text{[mol]}$$

$$0.40 \underset{\text{S [mol]}}{\text{mol}} \times \underset{\text{S [g]}}{\frac{32\text{g}}{1\text{mol}}} \fallingdotseq 13 \text{[g]}$$

$$0.40 \underset{\text{S [mol]}}{\text{mol}} \times \underset{\text{S [個]}}{\frac{6.0 \times 10^{23} \text{個}}{1 \text{mol}}} = 2.4 \times 10^{23} \text{[個]}$$

9 答 (C) > (A) > (B)

NaCl の式量は 58.5，H₂O の分子量は 18.0 であり，アボガドロ数を N_A とおくと，N_A 個/mol となる．

(A) $100 \underset{\text{食塩水 [g]}}{} \times \underset{\text{NaCl [g]}}{\frac{12.0}{100}} \times \underset{\text{NaCl [mol]}}{\frac{1}{58.5}} \times \underset{\text{NaCl [個]}}{N_A} \times \underset{\text{Na [個]}}{1} \fallingdotseq 0.21 N_A \text{[個]}$

(B) $1.80 \underset{\text{H}_2\text{O [g]}}{} \times \underset{\text{H}_2\text{O [mol]}}{\frac{1}{18.0}} \times \underset{\text{H}_2\text{O [個]}}{N_A} \times \underset{\text{H [個]}}{2} = 0.20 N_A \text{[個]}$

(C) $\underbrace{2.50}_{N_2\,[L]} \times \underbrace{\dfrac{1}{22.4}}_{N_2\,[mol]} \times \underbrace{N_A}_{N_2\,[個]} \times \underbrace{2}_{N\,[個]} \fallingdotseq 0.22 N_A\,[個]$

よって，(C) ＞ (A) ＞ (B)
　　　　0.22N_A　0.21N_A　0.20N_A